静谧

实例教程

庭院建筑景观设计

[日] 三桥一夫 / 著

宁凡 / 译

人民邮电出版社

北 京

图书在版编目（CIP）数据

静谧：庭院建筑景观设计实例教程 / （日）三桥一夫著；宁凡译. — 北京：人民邮电出版社，2019.3
ISBN 978-7-115-47272-4

Ⅰ. ①静… Ⅱ. ①三… ②宁… Ⅲ. ①庭院—园林设计—教材 Ⅳ. ①TU986.2

中国版本图书馆CIP数据核字(2017)第300471号

■ 作者简介

三桥一夫

1941 年生于日本千叶县。他致力于在传统的日本园艺设计中加入新元素，在园艺设计界有着领导性的地位。同时还经常在其他国家传授日本园艺设计。其著作有《庭院设计实例集》1~5 卷（房屋之光协会）；《在自家打造庭院》（主妇与生活社）；《建造一个恬静的小庭院》（房屋之光协会）等。三桥一夫为日本 1 级园艺设计师，日本庭院协会理事，日本庭院研究会理事。

协助

MABI 股份公司（内田洋行集团）电话：03-5639-9860 传真：03-5639-9861

柠檬画翠 总店　　东京都千代田区神田骏河台 2-6-12
电话：03-3295-4681 传真：03-3295-4824

制作人员
编辑、取材、编写助理　野中香织
摄影　三桥庭院设计工作室 北原千惠美（P10、22、30~41、176）
装订、内文排版　山岸全（wade 股份公司）

内容提要

枯山水是日本园林实践中的经典样式，其特征是以小巧、静谧、深邃的场景，不受地理条件限制，来展现园林的"禅味"。枯山水样式让日本园林艺术风格上自成一派，闻名于世。

作者以其从业多年的学识见解精心打造此书，书中选取的配图都很精致，画面效果比较生动。书中共分 5 章，第 1 章是基础知识，介绍了设计图的种类、平面图例和外观图的相关技法。第 2 章是绘制方法，介绍了落叶树、针叶树、灌木、松树、竹子、杂树，庭园路、台阶、水盆、灯笼、流水，以及平面图和透视图的绘制方法。第 3 章是实例，介绍了实践案例的绘制方法，如有品位的宁静庭院、瀑布流水的庭院、玄关正面庭院、瀑布庭院等内容。第 4 章是专业术语介绍。

本书将枯山水介绍得很到位，适合零基础的美术爱好者使用，特别适合作为艺术院校和培训机构的教材。

◆ 编　　　　　［日］三桥一夫

译　　　　　宁　凡

责任编辑　　何建国

◆ 责任印制　　陈　犇

人民邮电出版社出版发行　　北京市丰台区成寿寺路 11 号

邮编　100164　　电子邮件　315@ptpress.com.cn

网址　http://www.ptpress.com.cn

◆ 北京盛通印刷股份有限公司印刷

开本：787×1092　1/16

印张：12　　　　　　2019 年 3 月第 1 版

字数：684 千字　　2019 年 3 月北京第 1 次印刷

著作权合同登记号　图字：01-2016-8860 号

定价：88.00 元

读者服务热线：(010)81055296　印装质量热线：(010)81055316
反盗版热线：(010)81055315
广告经营许可证：京东工商广登字 20170147 号

目 录
CONTENTS

第3章 实 例 CASE 043

第4章 日式景观设计专业用语 177
景观设计工作流程

前 言

我们在进行园林施工的时候，为了能估算出工程费用、明确工程内容，同时也为了更好地理解客户的需求，并将其融入设计中，都要绘制出效果图以便双方能有一个直观的参照。特别是在向客户进行项目内容的说明与展示时，效果图的表现方法对于能否成功签订合同有着至关重要的影响。

虽然如今使用 CAD 软件就可以十分便捷地绘制出所需要的设计图，但计算机制图并不能有效表现出施工技术的好坏。另外计算机制图也难以在画面中表现出韵味。而如果是自己亲手绘制，哪怕在绘画手法的表现上略显稚嫩和笨拙，也能够增加客户对于设计方在工作方面的信任程度。

本书中所展示的各种设计图纸，并非是为了写书而虚构出来的，这些都是我所接手的工程中设计的图纸。之所以把真实的工程实例展示出来，就是为了能让刚刚接触园艺设计的人能够学会手绘设计图这门技艺。我本来想的是，只要这些图纸能起到参考作用就行了。可后来觉得，这些设计图中其实还包含了对每个工作中的各种相关人员的感激之情。

对于今后想要从事园艺设计的工作者来说，就一定要在工作中把自己的想法明确阐述给对方。不论用何种表现方法，都要找到属于自己的特色。如果通过阅读本书，能对读者的工作起到一些有益的作用，那将是我最大的荣幸。

三桥一夫

第1章 基础

BASIC

制图所需的工具

事先备齐制图所需要的工具，可以让工作更加得心应手。可不要小看准备工作，选择合适的工具对于绘制出美观的设计图有着至关重要的影响。

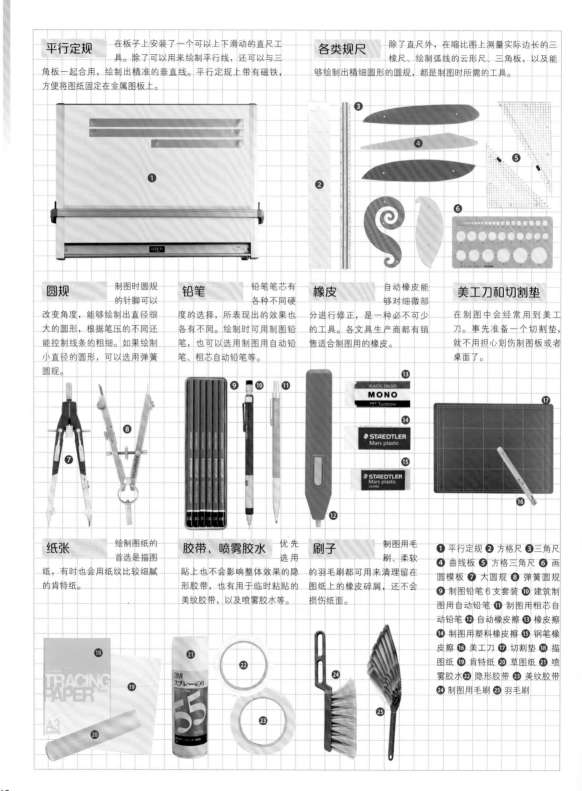

平行定规　在板子上安装了一个可以上下滑动的直尺工具。除了可以用来绘制平行线，还可以与三角板一起合用，绘制出精准的垂直线。平行定规上带有磁铁，方便将图纸固定在金属图板上。

各类规尺　除了直尺外，在缩比图上测量实际边长的三棱尺、绘制弧线的云形尺、三角板，以及能够绘制出精细圆形的圆规，都是制图时所需的工具。

圆规　制图时圆规的针脚可以改变角度，能够绘制出直径很大的圆形，根据笔压的不同还能控制线条的粗细。如果绘制小直径的圆形，可以选用弹簧圆规。

铅笔　铅笔笔芯有各种不同硬度的选择，所表现出的效果也各有不同。绘制时可用制图铅笔，也可以选用制图用自动铅笔、粗芯自动铅笔等。

橡皮　自动橡皮能够对细微部分进行修正，是一种必不可少的工具。各文具生产商都有销售适合制图用的橡皮。

美工刀和切割垫　在制图中会经常用到美工刀。事先准备一个切割垫，就不用担心划伤制图板或者桌面了。

纸张　绘制图纸的首选是描图纸，有时也会用纸纹比较细腻的肯特纸。

胶带、喷雾胶水　优先选用贴上也不会影响整体效果的隐形胶带，也有用于临时粘贴的美纹胶带，以及喷雾胶水等。

刷子　制图用毛刷、柔软的羽毛刷都可用来清理留在图纸上的橡皮碎屑，还不会损伤纸面。

❶ 平行定规 ❷ 方格尺 ❸ 三角尺 ❹ 曲线板 ❺ 方格三角尺 ❻ 画圆模板 ❼ 大圆规 ❽ 弹簧圆规 ❾ 制图铅笔6支套装 ❿ 建筑制图用自动铅笔 ⓫ 制图用粗芯自动铅笔 ⓬ 自动橡皮擦 ⓭ 橡皮擦 ⓮ 制图用塑料橡皮擦 ⓯ 钢笔橡皮擦 ⓰ 美工刀 ⓱ 切割垫 ⓲ 描图纸 ⓳ 肯特纸 ⓴ 草图纸 ㉑ 喷雾胶水 ㉒ 隐形胶带 ㉓ 美纹胶带 ㉔ 制图用毛刷 ㉕ 羽毛刷

平面图

平面图是从正上方俯瞰建筑物、树木、假山石、台阶、步道等各种庭院布景绘制的图。下图的改造案例是活用现有材料，将庭院打造的更具自然气息。这个案例中设计了假山石、溪流、灌木丛等布景，还设置了用于隔绝外部视线的树墙。

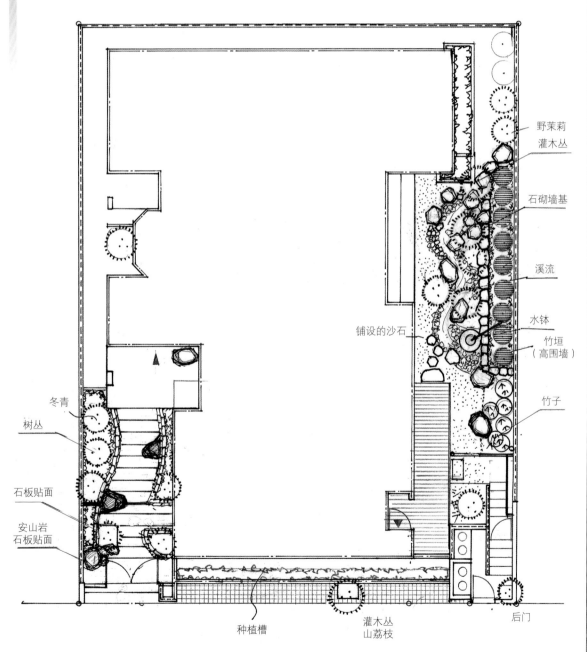

野茉莉
灌木丛

石砌墙基

溪流

水钵

竹垣
（高围墙）

竹子

铺设的沙石

冬青

树丛

石板贴面

安山岩
石板贴面

种植槽

灌木丛
山荔枝

后门

BASIC

设计图的种类

立面图

表现建筑物、庭院正侧面的图叫作立面图。下图是以 11 页中展示的平面图为基础绘制出来的"正面立面图"。正门部分使用较高的树木作为装饰，宽阔的车库门前则布置了植株较大的山荔枝。通过"正面立面图"，客户可以对庭院的外观及均衡的整体布局有一个简单明确的直观感受。

设计图的种类

截面图

将庭院的一部分内容垂直切割开的图叫截面图，地形的高低及庭院的内部结构在这种状态下可以一目了然。下图是在 11 页平面图的基础上绘制的"主庭院截面图"和"正门截面图"。在"正门截面图"中可以看到台阶和花坛的一部分被切开，里面的花岗岩结构展现了出来，表现出结实的结构特征。

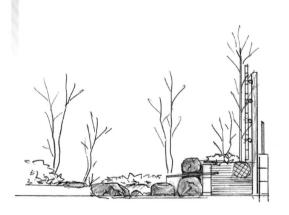

透视图（立体图）

表现庭院立体效果的图，贴近实景的逼真画面，让客户了解设计者对于其提出的要求的理解程度有很大帮助。下图是在 11 页平面图的基础上绘制的"主庭院透视图"（局部）。画面中可以看到花坛前的假山石，以及与假山石组合成景的溪流。水流从石垣之间的竹管中流出，在注满水钵后流入人造溪流。

鸟瞰图

鸟瞰图是以比平面图视角更高的位置向下观看时的视角绘制而成的，经常用于一些施工面积较大的工程。下图是在 11 页平面图的基础上绘制的"主庭院鸟瞰图"（局部）。尽管如今人们用 CAD 软件就能轻松地绘制出类似效果图，但手绘效果图带有独特的韵味，一旦出现需要添加一两个布景的情况，就可以直接手动添画了，效果非常明显。

BASIC

平面图例

建筑物、布景

平面图中会出现各种代表不同布景的图标。下面所展示的图标都是由笔者构思创作出来的，目的是为了让客户和施工方能够更直观地理解设计图。

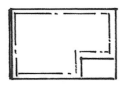
● 建筑物 ●

● 亭子 ●

● 对开门 ●

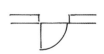
● 单开门 ●

● 推拉门 ●

● 围栏 ●

● 方格竹垣 ●

● 健仁寺垣 ●

● 御帘垣 ●

● 铁炮垣 ●

● 脱鞋石 ●

● 踏脚石 ●

● 碎石群 ●

● 石板路 ●

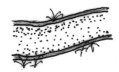
● 沙砾路 ●

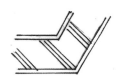
● 混凝土路 ●

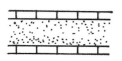
● 红砖道边石 ●

● 织部石灯 ●

● 直埋石灯 ●

● 岬石灯 ●

● 正向钵形石盆 ●

● 居中钵形石盆 ●

● 假山石 ●

● 砂纹 ●

● 石壁板 ●

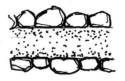

● 玉石道边石 ●

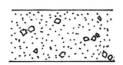

● 水磨石 ●

● 集雨槽 ●

● 井圈 ●

● 欧式水池 ●

● 日式水池 ●

● 石桥 ●

平面图例

对于植物布景的表现，并没有什么硬性规则，这些图标都是笔者自己创作出来的。通常以圆形为一个植物单位，可以表现出植物的种类、大小、种植量、朝向等直观效果。

植物

● 落叶树① ●

● 落叶树② ●

● 针叶树① ●

● 针叶树② ●

● 针叶树③ ●

● 阔叶树① ●

● 阔叶树② ●

● 阔叶树③ ●

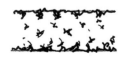

● 灌木垣 ●

● 矮树 ●

● 灌木群 ●

● 竹子类 ●

● 细竹 ●

● 草坪 ●

● 草丛 ●

● 球形灌木 ●

BASIC

外观图

树木

不同种类的树木有着不同的枝干与枝叶形态。在绘制外观图前，要掌握各种树木的外形特征、构造，找到属于自己的表现方式。

● 常绿树（黄杨等）● 　　● 常绿树（麻栎等）● 　　● 常绿树（细叶冬青、厚皮香等）●

● 落叶树（榉树、木兰）● 　　● 落叶树（枫树）● 　　● 落叶树（梅树）●

●针叶树●

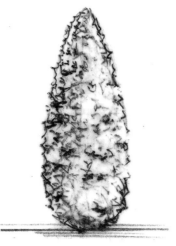

●针叶树（修整后）●

●松树●

●矮树●

●灌木●

●球形灌木●

●竹子●

●杂草①●

●杂草②●

外观图

假山石、布景

利用阴影表现出假山石的材质、体积感及纹理等。石灯台、石盆是茶道场所及传统庭院中所必需的布景，所以一定要出现在画面中。

● 立石① ●

● 立石② ●

● 立石③ ●

● 卧石① ●

● 卧石② ●

● 卧石③ ●

● 假山石组① ●

● 假山石组② ●

● 假山石组③ ●

● 石盆① ●

● 石盆② ●

● 石盆③ ●

● 洗手盆① ●

● 洗手盆② ●

● 洗手盆③ ●

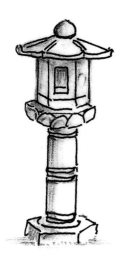

● 石灯① ●

● 石灯② ●

● 石灯③ ●

● 石灯④ ●

● 西式布景① ●

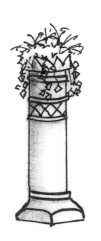

● 西式布景② ●

外观图

水源

作为庭院的主体布景，池塘、瀑布、溪流的表现方式对于效果图有着至关重要的影响。可以先临摹笔者绘制的庭院效果图，从中学习布景设计的步骤与技巧。

●日式池塘①●

●日式池塘②●

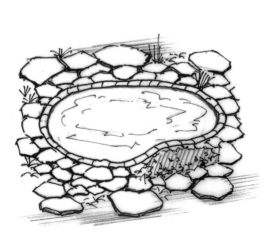

●西式池塘①（带喷水）●

●西式池塘②●

● 瀑布① ●

● 瀑布② ●

● 溪流① ●

● 溪流② ●

BASIC

提升速写技法

　　园艺设计师在设计布景的时候，也要绘制效果图。在效果图中要把设计师的创意与客户的要求同时体现出来，这些都需要通过速写来表现。不论采用何种形式都是可以的，只要有自己的风格即可。仔细观察山石、树木的细节，反复尝试并掌握速写绘制方法。对于立面图或透视图的构图来说，准确把握庭院的结构特点也是十分重要的。

第 2 章 单体绘制方法

METHOD

阔叶树 ▶▶▶▶

以树干为中心，先绘制出树枝，然后从枝头开始描绘树叶，没有树叶的部分要加上阴影。树木的整体造型由树枝与树叶叠加构成。

针叶树 ▶▶▶▶

先绘制出树干，然后从树干上部开始绘制枝叶。枝叶的形态要尽可能表现出参差不齐的状态，利用深浅不同的颜色衬托出层次效果。

灌木 ▶▶▶▶

黄杨、吊钟花等灌木丛类植物的大致形状是一个半圆形，因此以半圆形为基础绘制出灌木的枝叶。可以根据实际情况使左右两边的枝叶有疏密不同的表现，从而产生一定的立体效果。

松树 ▶▶▶▶

首先确定出整体结构，如枝、干、叶的位置，然后确定枝叶在树干两侧的分布。松树的针叶要沿着树枝的走向绘制，利用枝叶对树干的遮挡表现出层次效果。

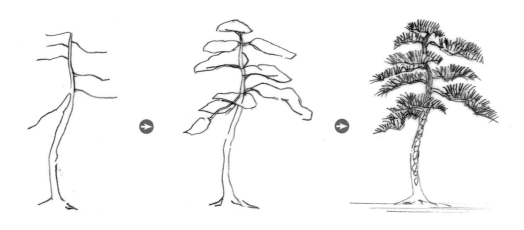

竹子 ▶▶▶▶

绘制竹子的难点在于如何自然地表现出竹与竹之间错落交叉的状态。想要把这种自然错落的效果表现出来，就需要笔法更加流畅直爽。

杂树 ▶▶▶▶

单株或树丛样式的杂树，其美感来自枝干的线条结构。每种树木都有自己的特点，绘制的时候要将这些特点区分表现。

灌木垣 ▶▶▶▶

一般来说黄杨、竹柏、矮紫衫、红叶石楠、乌岗栎等灌木都可以用作灌木垣的制作。虽然在人工修剪下，这些灌木垣的外观都很相似，但不同树种其叶片形状也有很大差别。

篱笆 ▶▶▶▶

结构简单的篱笆，也有各种样式，其中竹子是很常见的一种材料。无须拘泥于已有的样式，通过对结构的巧妙设计，也能有丰富多彩的表现。

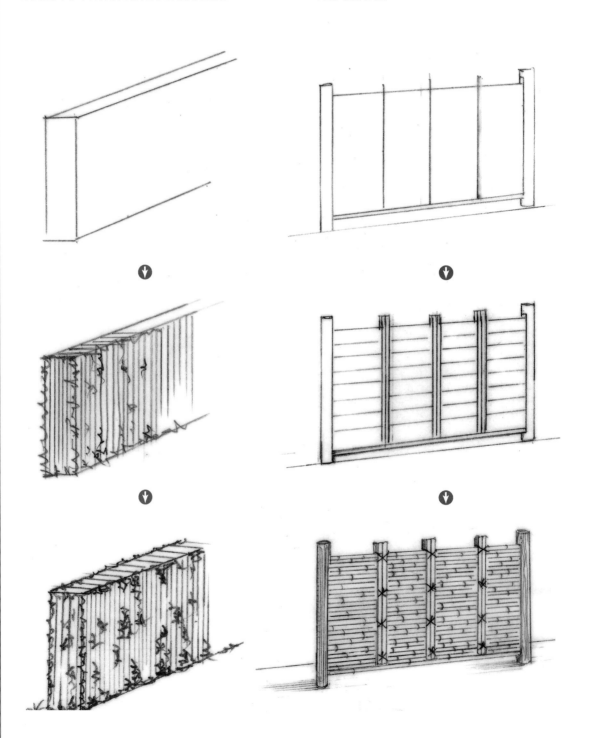

假山石 ▶▶▶▶

想要绘制出形象的假山石，就需要观察一些形状各异的小石头，从不同角度进行写生练习。通过不断尝试，逐渐摸索出自己的绘画风格。

假山石组 ▶▶▶▶

掌握了立石、横石、卧石等假山石的绘制技法后，就可以将其组合成不同样式，按照自己的风格设计出瀑布、池塘、溪流等布景中的假山石组。

石砌 ▶▶▶▶

初学者可以对已有石垣中堆砌的石材进行观察，然后绘制出分布均衡的石砌样式。可以找一些小石头，自己砌一下，理解石头之间的交叠关系，对准确绘制也很有帮助。

 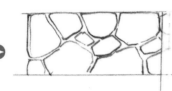 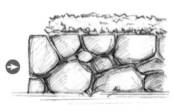

石板 ▶▶▶▶

想要用铅笔表现出石板厚度、分布规律，其绘制技巧是十分重要的。另外石板的铺装方法有着严格的规程，亲自走上去观察，对于准确表现其结构样式也是十分有必要的。

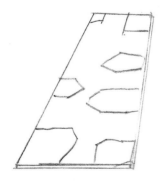 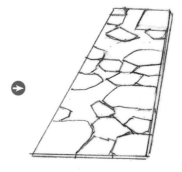 

METHOD

步道 ▶▶▶▶

沙石路面、砖瓦路面、石板路面等不同材质的路面，表现方法也各有不同。绘制步道时适当进行一定的省略，不仅提升了画面效果，还能展现出绘制技法的高明。

台阶 ▶▶▶▶

台阶是庭院中经常见到的布景，绘制时要充分考虑到其材质和用途。不同材质的绘制要分别进行练习。

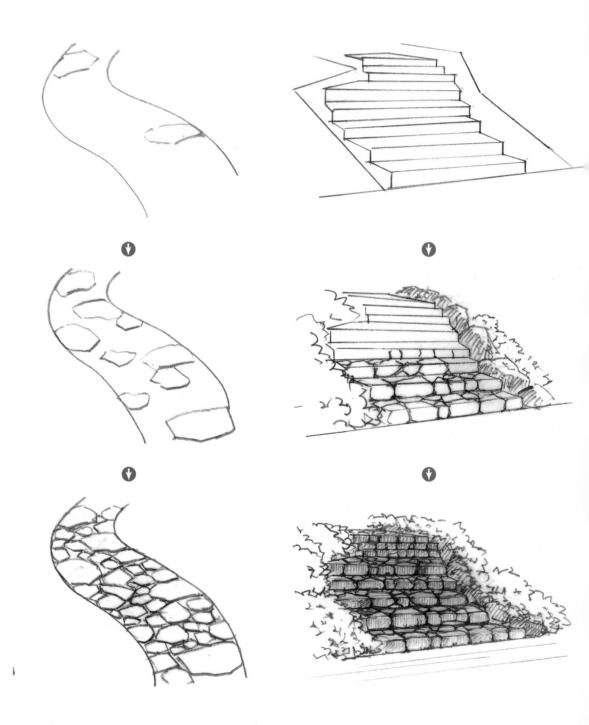

水钵

石质洗手盆中的水钵是日式庭院中的代表性布景。有的水钵是利用天然岩石加工而成，形态种类非常繁多。绘制的时候不仅要处理出水钵的造型，还要表现出容器内盛满水的效果。

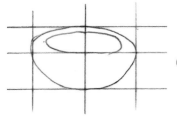  

石灯

朝向、高度、与周围布景的协调性，都是绘制石灯时要注意的地方。与水钵一样，石灯的种类也多种多样，绘制的时候要以雪见石灯、织部石灯等代表性的造型为主要练习对象。

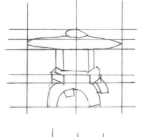 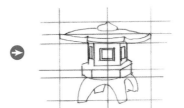 

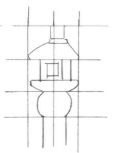  

溪流

想要快速掌握溪流景观的绘制技法，最好是对实景进行速写练习，积累各种不同的设计样式。沙砾、杂草等细节部分的绘制也不要敷衍了事。

平面图的绘制方法

平面图是图纸绘制的基础，园艺施工中所需要的信息几乎全部记录在平面图中。如果是结构简单的庭院工程，只需要在平面图中标记出高度等信息就可以开始施工了。树木、假山石等布景的位置也要正确标记出来。

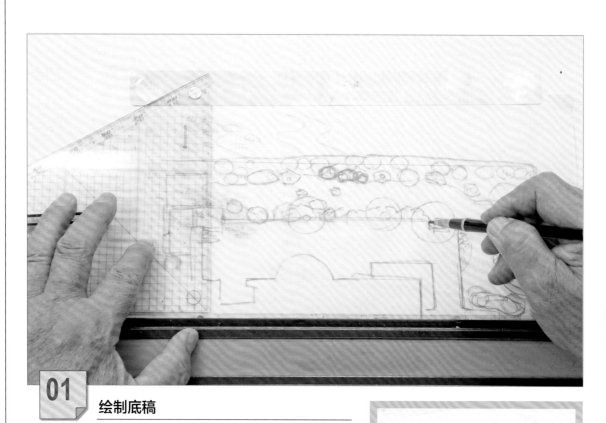

01 绘制底稿

在进行实地调研与测量数据的同时，绘制出效果图，将事先绘制的底稿加工成设计图。

知识点 Point!

树木的大小（直径）不是靠纯手绘完成的，而是依靠画圆模板进行处理。

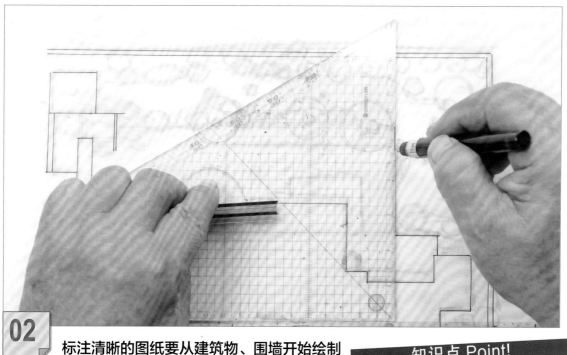

02 标注清晰的图纸要从建筑物、围墙开始绘制

将描图纸叠加起来，开始标注建筑物、布景。用绘图笔、平行定规、三角板绘制出平直的线条。

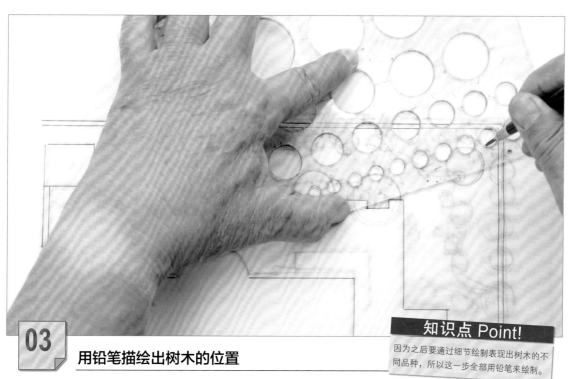

03 用铅笔描绘出树木的位置

不要一上来就用钢笔一类的笔绘制树木。首先用铅笔（自动铅笔、粗芯自动铅笔）和圆规一起，绘制出树木的横截面并确定出位置。

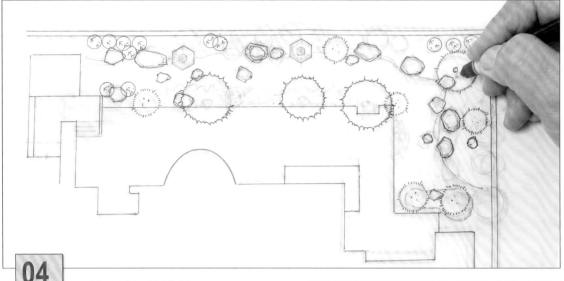

04 开始用绘图笔绘制

用铅笔完成假山石的轮廓线后，就可以用绘图笔将树木、假山石等布景绘制清楚了。要按照实际施工的顺序（假山石→树木→布景）进行绘制。

知识点 Point!

石灯的伞顶用六角形模板来绘制，假山石则以纯手绘的方式表现出自然效果。

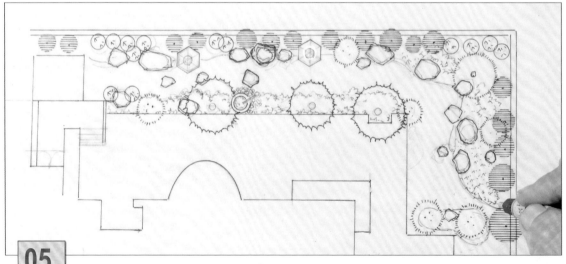

05 绘制不同品种的树木

根据用铅笔绘制的树木轮廓，分别绘制出落叶树、针叶树、阔叶树等不同品种的树木。绘制完大、中型树木后，再进行灌木、杂草的绘制。

知识点 Point!

绘制针叶树时要表现出布满尖刺的质感，而表现阔叶树的平行线时则用平行定规来绘制。

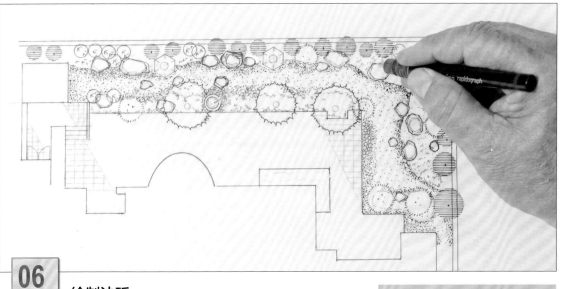

06 绘制沙砾

沿着铅笔绘制的假山石轮廓的外侧，以点绘的方式绘制出铺设的沙砾。当然，不能将实际铺设沙砾的地方全部点上点，只需要表现出一部分即可。

知识点 Point!

临近假山石轮廓的地方可以点得密集一些，从而衬托出假山石的轮廓。点绘使用的是 0.3 毫米的绘图笔。

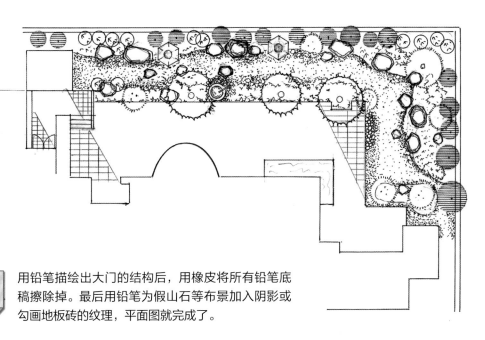

完成

用铅笔描绘出大门的结构后，用橡皮将所有铅笔底稿擦除掉。最后用铅笔为假山石等布景加入阴影或勾画地板砖的纹理，平面图就完成了。

透视图的绘制方法

仅靠平面图是无法将庭院的设计理念、氛围完全表现出来的，这时就需要透视图了。透视图不需要绝对精确，也不需要对细节刻画得过于精细，只要把重点描绘出来即可。

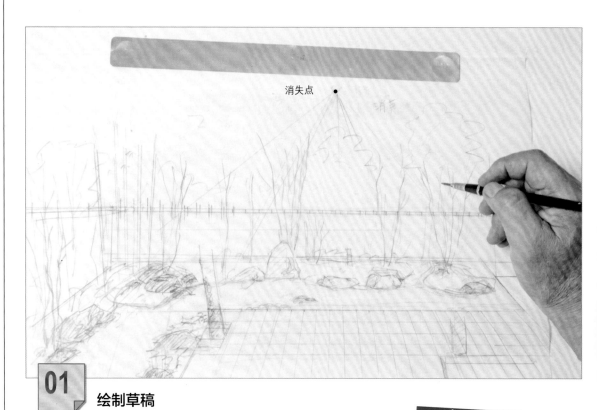

消失点

01 绘制草稿

首先确定出画面消失点，在画面下方画出若干条间距相同的水平线（基线）。然后将这些水平线与消失点相连，就可以以此为基础，绘制出近大远小、符合透视原理的景物了。抬高消失点可以得到视角较高的构图，降低消失点后，构图视角也会随之降低。

知识点 Point!

透视图中的景物可以比实景稍微夸张一点，以突出画面气氛。

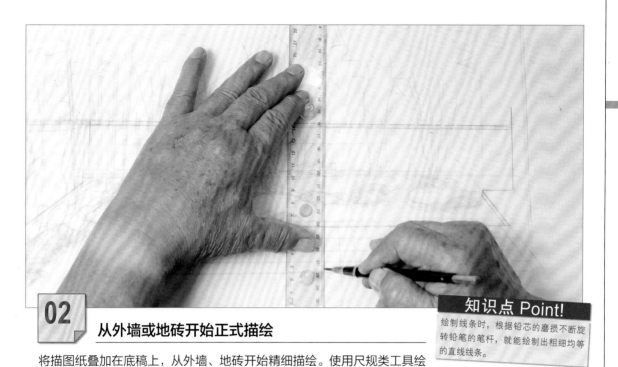

知识点 Point!

绘制线条时，根据铅芯的磨损不断旋转铅笔的笔杆，就能绘制出粗细均等的直线线条。

02 从外墙或地砖开始正式描绘

将描图纸叠加在底稿上，从外墙、地砖开始精细描绘。使用尺规类工具绘制出平直的线条。

03 绘制假山石的造型、纹理

这一步要开始绘制庭院的主要布景之一——假山石。首先选用硬度为 F 或 H 的铅笔绘制假山石的轮廓，然后用 4H 铅笔绘制阴影，最后用橡皮擦出高光。

知识点 Point!

绘制主体假山石时要注意表现出其气势，展现出"这里就是庭院中心"的感觉。

04 树干的绘制

按照实际栽种的顺序（大型树木→灌木→杂草）绘制树木。用较粗的铅笔绘制树干，树枝则用硬度较高的铅笔绘制，这样处理更显立体效果。

知识点 Point!

用尺子可以画出笔直的竹子，灌木只要表现出大致的特征即可。

05 叶片的绘制

完成树干的绘制后，就要撤出底稿，同时确认有没有遗漏的部分，如果有空白的地方就用杂草填补。然后在树枝上绘制出树叶，树木部分就完成了。

知识点 Point!

后面一层的叶片用浅色铅笔绘制，前面的叶片用深色铅笔绘制，以表现出层次感。

06 在纸张背面绘制背景

在绘图纸背面绘制远景部分的大型树木。在背面绘制可以表现出远景的层次效果，不仅能衬托庭院的主要布景，还避免了喧宾夺主。

知识点 Point!

因为可以随时修改，所以背景的效果可以随意调整。

完成

翻回绘图纸正面。依然按照实际施工的顺序绘制庭院布景，最后绘制地面上的沙砾等景物，确认画面整体效果，没有问题的话就大功告成了。

在专业工作室中——探寻工作的奥秘

园艺设计是女性擅长的工作吗？什么样的环境中工作的呢？

在本书作者三桥一夫的工作室中，探寻对园艺设计师来说最重要的是什么。

※ 重森三玲（1896 年～1975 年），园艺设计师，日本庭院史学者，被称为现代日本庭院设计的革命者。

三桥庭院设计工作室的内部环境，书架上的大量藏书引人注目。

一开始我是给吉河老师当助手，同时学习园艺设计的技术。后来加盟日本庭院协会，向小形研三老师等诸多名家请教。当时日本经济正在高速发展，东京出现了很多名家设计的庭院。在那个昭和时代最好的时期，给了我跟随众多园艺设计名家直接学习的机会，至今都让我十分感激。

三桥庭院设计工作室成立于 1970 年，在各方面的关照下，客户总是络绎不绝，工作发展得十分顺利。从那时开始，我就发挥精益求精的精神，坚持绘制精细的图纸。

庭院历史的魅力，以及各种契机，使我成为了园艺设计师。

我从很久以前就对历史十分感兴趣，学生时代多次去京都参观寺庙神社。我也很喜欢读书，比如去过龙安寺后，就开始到处寻找相关的书籍来看。然后感叹道为什么会有如此美丽的庭院呢。也就是说，比起庭院本身，我对其背后所蕴含的历史更有兴趣。

大学毕业参加工作后，我仍然不断研究园艺历史。也是在那个时候，我结识了吉河功老师（日本园艺研究会会长）。在一次参加友人的结婚典礼时，碰巧新娘的父亲是日本庭院研究会的会员，对方得知我对庭院兴趣满满，便执意邀请我入会。吉河老师曾是重森三玲老师的门下，从入会开始，他就一字一句地将从古至今的园艺历史教授给我，让我豁然开朗。以此为契机，我从园艺观赏者变成了园艺创作者。

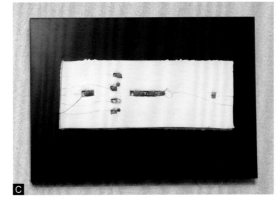

Ⓐ Ⓑ 重森三玲的作品集是十分珍贵的园艺设计资料，在今天已经近乎绝版。Ⓒ 工作室的入口处装饰了由陶艺家寺田康雄创作的十分前卫的作品

时刻保持好奇心。—— 三桥一夫

从书中也可以得到很多灵感，所以我很喜欢逛各种书店，如今已经收集超过一千册书籍了。这些书中有很多都是已经难以见到的绝版书籍，通过这些书籍可以了解到前人的伟大，并努力学习他们的才识。美食也是我很喜欢的，在品尝各种美味的同时，开始对盛放料理的器皿产生了兴趣。那些十分用心的料理，总是能够带来很好的灵感。在街上闲逛的时候，还会从橱窗和展示屏中获得创作灵感。也就是说，不论在什么地方，我都有一颗充满好奇的心。对于创作者来说，时常保持一颗好奇心，向天线一样搜寻各种灵感是十分有必要的。如果感到心中的灵感快要枯竭，那最好到街上去看看，一定能有所发现。

灵 感的源泉
——时刻保持好奇心

我对各种事物都抱有浓厚的兴趣，因此会前往各种地方，为创作进行积累。例如参观美术馆，看到里面的雕刻作品，就会想如何将这些创意应用到庭院设计中。

我喜欢收集版画家星襄一先生的作品。他的作品中以表现树木和星空的题材最为有名，画面相当美丽。我工作室入口处的装饰是爱知县濑户地区的陶艺家寺田康雄先生的作品。他在陶板里加入金属，烧制以后，就会出现有趣的变化。当时在画廊中一眼就相中了这件陶艺，便立刻购买了下来。不论是绘画还是书法，只要跟艺术沾边的东西，在看到的瞬间都能引起我的共鸣，所以我会把这些令我印象深刻的艺术作品都收集放在手边。

Ⓐ Ⓑ 我常用的各种绘图笔和马克笔。Ⓒ 根据自己的使用习惯而改造的三角板，还有粗细不同的铅笔，以及可以当作笔帽用的橡皮。Ⓓ 收集的各种老式照相机。

三桥宅邸中用洗手盆、石灯、踏脚石等布景搭配出来的日式庭院。两旁林立的树木让整个庭院笼罩在一片安稳祥和的气氛中。

牢记庭院设计不能墨守成规
用这一信条来磨炼人性

我的工作室已经成立了40多年，期间参与设计建造了各种各样的庭院。每一座庭院都是我将脑海里的构思变为实景的具体表现，所以我的工作充满了乐趣。当建造完成的庭院受到了客户的认同，那种喜悦感是无可替代的。这当中有一件让我印象深刻的事情，有一位客户找到了我，他曾经拜访了多位园艺设计师，但都没有得到理想的设计方案。他到底想要什么样的庭院呢？我发自内心地、耐心细致地为这位客户做了全方位的讲解，最终让这位客户满意而归，那一刻最令我开心。另外，在国外工作时，客户会当面对你的实力进行评价，这也是让人兴奋的时刻。客户的感受直接传达给我，虽然颇具压力感，但对工作会有促进效果。

大约10年前，一位法国人来到我的工作室当助手，他对庭院设计十分热衷。连午休的时候都不忘练习速写，而且还会提出各种细致的问题。这让我回想起自己在初学园艺设计时，到处拜师学艺的情景。这位法国人在我的工作室工作学习了大约8年，然后回到法国，并在巴黎从事园艺设计工作。

干园艺设计这一行的人，必须不断学习、充实自己。不过，这个工作还是要看与人的交流能力，一味埋头苦读是不够的。园艺设计师岩城亘太郎老师有句名言"庭院设计不能墨守成规"，以此勉励年轻人磨炼人性。

为了更加出色地工作

纵观历史，从古至今就有各式各样的园艺设计。那么庭院是为了什么而设计的呢？现在设计庭院的人又是如何构思的呢？是让庭院给人安心感，还是表现出客户或者设计师的思想？就像不同的设计师有不同的风格一样，庭院的样式也各有不同。庭院产生于人与人之间的交流，双方只有相互理解对方的想法，互相认同，才能诞生出优秀的作品。布景仅仅表现出庭院的美丽和安详，是无法给人带来感动的。当我们身处那些古代留存下来的古老庭院中时，从那些古老的布景中，仿佛依然能感受到当年的创作者所展现出的激情和能量。

第 3 章 实 例

CASE

有品位的宁静庭院

　　与寺院的禅房和僧寮一起建造的庭院，目的是为人们提供一个可以使身心平静的空间。禅堂与停车场又僧寮的玄关前都用土墙风格的围墙隔开，玄关正面布置有大气的柚木灯台，侧面则计划建造一个茶室。带有假山石布景的苔藓庭院，即使从禅堂里看过去，也能感受到庄严典雅的气氛。

铺设的沙石

3 4

铺设的沙石

2

水钵

假山石

地面有高低落差

竹垣

假山石

花岗岩石板

假山石

草坪

常绿树

方格竹垣

常绿树

铺设的沙石

假山石

假山石

花岗岩石板

草坪

1 混凝土砌石

推拉门

假山石

1 禅堂、僧寮和停车场之间用围墙划分。从停车场的入口就能看到颇具气势的禅堂玄关。

设计要点

□ **场地规划**
将公用区域与私用区域区分开，结合不同季节举办的法事，让庭院各部分都能形成景色。

□ **步道规划**
正殿到禅堂之间的步道用高档大气的石板铺设，铺设到禅堂玄关前时，石板要与玄关的尺寸相配合，然后将步道延伸铺至僧寮方向。

□ **设施规划**
停车场一侧的围墙用大型的假山石和树木装点，使其与禅堂玄关的视觉效果相匹配，整体效果显得宏伟大气。

□ **绿化规划**
本着便于欣赏的目的，在庭院中栽种有春季赏花用的梅花、樱花，以及秋季观红叶的枫树，与原有的松树一起，营造出一幅美丽的画面。

2 禅堂玄关前的景色。右侧方向是延伸到正殿的石板路，站在停车场左边可以看到茶室。在玄关前布置大气典雅的柚木灯台，与木质玄关相辅相成。假山石与枫树则构成了一个整体布景。**3** 从禅堂玄关侧面的房间内可以看到茶室外的庭院。通过精心设计，用方格竹垣作为背景，在有限的空间中设计一个茶室庭院。**4** 水钵采用了造型工整的铁钵形，石灯采用了织部（日本茶道流派名）造型。院中的踏脚石使用了鞍马石（花岗岩的一种），在有限的空间内营造出高雅的气氛。穗垣（细竹条编织的围栏）则作为区分玄关前的区域与茶室庭院的分割线。

📄 **DATA**

竣工时间：2009 年 5 月

设计·施工：三桥庭院设计工作室

施工地点：埼玉县富士见市

施工面积：500 平方米

类　　型：寺院庭院

主要植木：大柄冬青、棕木、枫树、沙罗树、鹅耳枥、卫矛、山荔枝、山枫等

主要石材：日本群马县鬼石町一带出产的石材

CASE 1

表现豪迈的枯山水院景

　　将住宅院落的入口到玄关前由通道形成的已有庭院，改造为枯山水庭院。施工过程中将能够移栽的树木进行移栽，灌木垣、大型树木则维持原状。通过纪州的青石展现出豪迈的枯山水布景，每块石材都有着不同的形态，相互搭配就能产生出十足的韵味。将一块块青石沿着通道精心布置，能够让行走在此的人每走一步都能看到不同的景色。

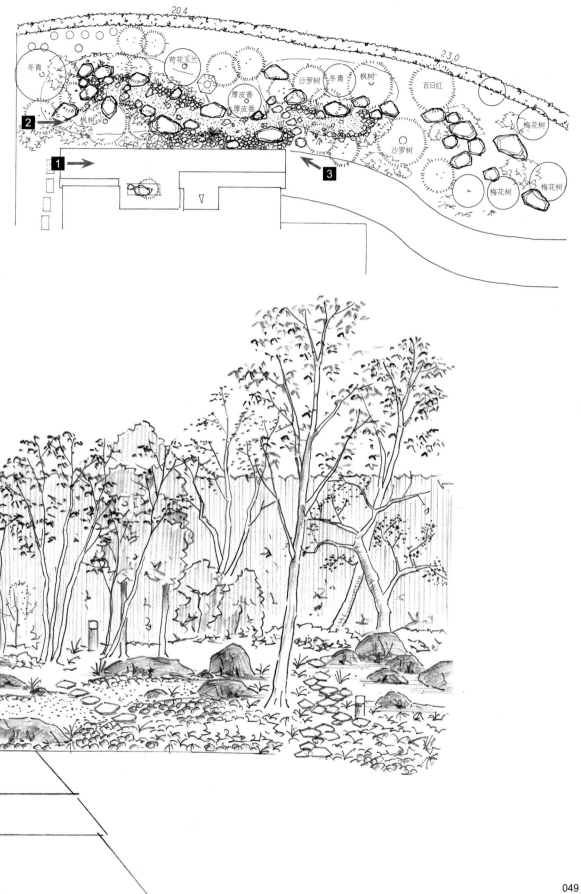

1 这次营造出的是有飞流瀑布效果的枯山水。从室内可以看到布置在庭院中央的大型假山石，这里便是整个庭院的关键所在。灵活运用不同造型的石材，表现出豪迈的枯山水景观，到了夜晚也能欣赏到别样的景致。

设计要点

□ 场地规划
将已有的植木进行适当移栽，以配合假山石和步道的布局。树木与假山石的搭配比例要在设计阶段考虑好。

□ 步道规划
将玄关前原有的石板路全部拆除，重新铺设新的石板路。新的石板路由御影石（花岗岩的一种）和丹波石（安山岩的一种）组成，使路面效果十分扎实。

□ 设施规划
庭院中布置了喷灌设备，格式照明设备在夜间营造出丰富的光影景观。

□ 绿化规划
结合原有的植木，根据布景适当增种枫树、大柄冬青、白蜡树，以及各种低矮灌木。

2 铺设到玄关前的步道。来访的人走过这里可以观赏到沿途的花草。为了让在步道上漫步变得更加惬意，一些功能性设施也是必要的。**3** 从下游望向上游的视角。不同的季节，会有不同的花草生长在枯山水两侧。矗立在一片绿色中的石灯是整个景观的焦点，一下就提高了景观的格调。

📄 DATA

竣工时间：2011 年 1 月	类　　型：住宅庭院
设计·施工：三桥庭院设计工作室	主要植木：白蜡树、大柄冬青、椋木、枫树、
施工地点：千叶县木更津市	石菖蒲、大吴风草、山枫等
施工面积：300 平方米	主要石材：纪州的青石

CASE 2

实例 3

表现豪迈的枯山水房前

在建造新房前，就事先规划好了玄关前、住房以及浴室周围庭院。客户要求使用与和风建筑相辅相成的材料，景观要给人以清爽的感觉。浴室玄关前已有的大树被保留下来，里面的竹垣拆除，形成一个整体的庭院。住房前的庭院特意建造了起到背景效果的围墙，这样就形成一个从屋檐下延伸出来的庭院。

步道部分的速写

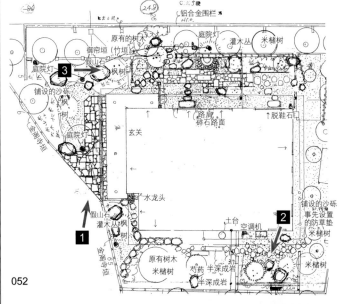

1 敞亮的玄关前庭院。石板路经过了凿子的做旧处理，画面正面远景是竹栅墙。在这种布局下，槭树、草丛以及假山石起到了将庭院布景整合为一体的作用。**2** 从朝向庭院的浴室窗口看出去，能够出现类似山林中云雾缭绕的效果。庭院中栽培有树形高大的大柄冬青树，根部用卵石和草丛装饰，不规则的石板路展现出了山中小径的风韵。**3** 带有栅格窗的围墙将院落内的门前平台、踏脚石、碎石板路统一在一起。

设计要点

□ 场地规划
利用沙石铺成的枯山水和石板路将玄关前、住房和浴室庭院这几个部分连接起来，并利用竹垣明确各个部分的用途。

□ 步道规划
庭院的范围是从屋檐下开始算的。玄关前的枯山水和右边的踏脚石一直延伸到住房的庭院里，然后继续向后延伸，直到浴室的庭院。

□ 设施规划
为了苔藓的生长，事先埋设了能够喷出水雾的喷灌设备。竹条窗中闪现的灯光也别有一番情趣。

□ 绿化规划
玄关前的银翘和米槠树原样保留，并增种了山枫、枫树、三叶杜鹃等植物。

📄 **DATA**

竣工时间：2008 年 6 月
设计·施工：三桥庭院设计工作室
施工地点：千叶县木更津市
施工面积：270 平方米
类　型：住宅
主要植木：大柄冬青、椴木、鸡爪枫、枫树、三叶杜鹃、山荔枝等
主要石材：日本群马县鬼石町一带的出产的石材

实例 **4**

热爱樱花的庭院

在对步道进行改造的同时，重新修改庭院和围墙的布局。这户住宅最令人羡慕的就是能够独享眺望公路另一侧公园内樱花树美景的权利。为了让这里的人坐在桌前就能休闲地赏花，围墙设计得比较低矮，庭院中有碎石板铺设的步道及各式假山石，在灌木丛中还增设了水钵作为点缀。

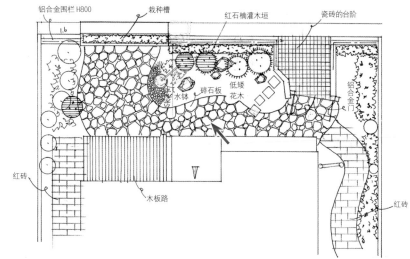

铝合金围栏 H800　　栽种槽　　红石楠灌木垣　　瓷砖的台阶

铝合金门

水钵　碎石板　低矮花木

红砖　　木板路　　红砖

这里需要注意！

虽然碎石板绘制起来有些难度，但也要处理成实际的碎石板效果，这样形象才能更为直观。

既可以叫作凉台，又可作为茶庭的庭院。不同颜色的石板使效果更加完整。色彩丰富的庭院让每一天的生活都充满了欢乐。

设计要点

□ **场地规划**
改造重点是让步道与庭院融为一体。通过灌木丛的布置，让庭院带有西洋特色。

□ **设施规划**
西洋花园套件和水钵的布置让狭小的庭院多出一番风趣。

□ **步道规划**
庭院内的地面比公共道路要高，所以登上台阶就能将石板步道与庭院尽收眼底。

□ **绿化规划**
保留原有树木，增种沙罗树、山枫等树木，与对面公园里的樱花树相互衬托。

📄 **DATA**

竣工时间：2008 年 5 月
设计·施工：三桥庭院设计工作室
施工地点：千叶县八千代市
施工面积：60 平方米
类　　型：住宅庭院
主要植木：玫瑰、石菖蒲、沙罗树、木贼、山枫等
主要石材：碎石板、印度砂岩

CASE 4

実例 5

带有水琴窟的庭院

灵活运用狭长的空间，布置苔藓草坪、假山石，突出线条之美。背景设置了竹垣，并栽种了台杉、枫树、山杜鹃等植物，使庭院更加充实。从水钵中留出的水，会落入地面下隐藏的水琴窟中，发出优美的响声。这座庭院带有茶庭的风格，韵味十足。

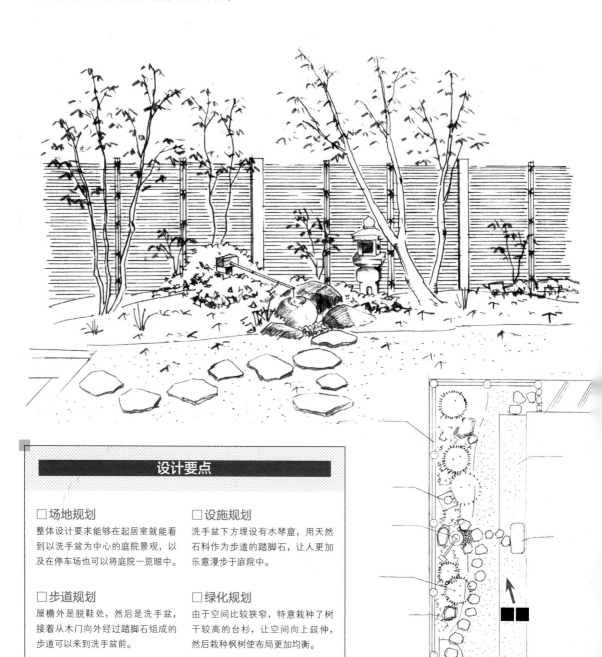

设计要点

□ 场地规划

整体设计要求能够在起居室就能看到以洗手盆为中心的庭院景观，以及在停车场也可以将庭院一览眼中。

□ 设施规划

洗手盆下方埋设有水琴窟，用天然石料作为步道的踏脚石，让人更加乐意漫步于庭院中。

□ 步道规划

屋檐外是脱鞋处，然后是洗手盆，接着从木门向外经过踏脚石组成的步道可以来到洗手盆前。

□ 绿化规划

由于空间比较狭窄，特意栽种了树干较高的台杉，让空间向上延伸，然后栽种枫树使布局更加均衡。

1 从入口处向庭院内观看的视角。苔藓坪构成的线条清晰地向庭院深处延伸。用天然石料铺设的踏脚石，在布置的时候就将节奏感和美观性考虑进去。**2** 洗手盆四周的景观。洗手盆下方埋设有水琴窟，在宁静的夜晚，可以将优美的水声送入室内。水钵、石灯、前石（水钵前的踏脚石）要根据各自的尺寸适当调整布置的高度，以均衡景观效果。

竣工时间：2004 年 7 月　　　　　类　　型：寺院庭院以及住宅庭院
设计·施工：三桥庭院设计工作室　　主要植木：椋木、白柞木、桧叶金藓、石菖蒲、台杉、
施工地点：千叶县千叶市　　　　　　　　　　　　枫树、山杜鹃等
施工面积：30 平方米　　　　　　　主要石材：丹泽石（花岗岩的一种）、伊势沙砾

实例 6

这是一个独立于新建住宅的外墙和庭院的设计施工工程。利用郊外宽阔的场地，设计出能从室内眺望到整个庭院内活动区域的方案。庭院深处两侧利用土丘的起伏地势种植各种树木，形成树林效果。工程力求根据观看位置的不同及季节的变化，让庭院的景色也会随之改变。

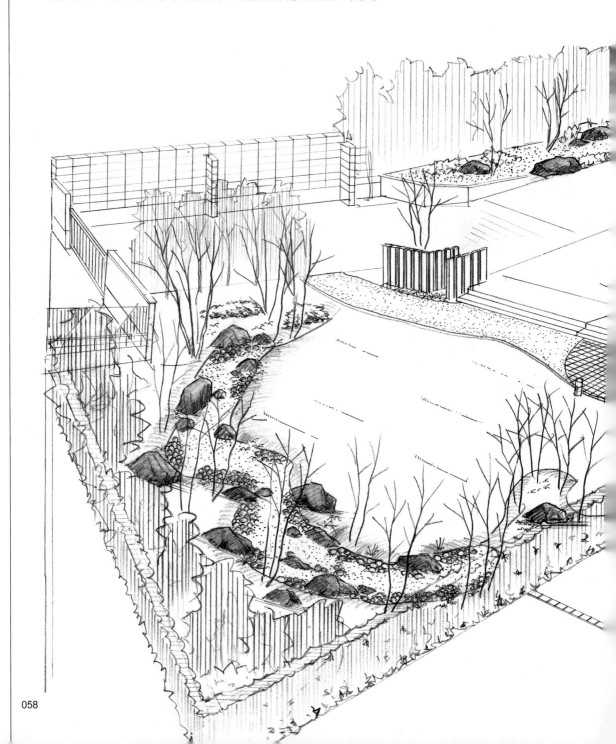

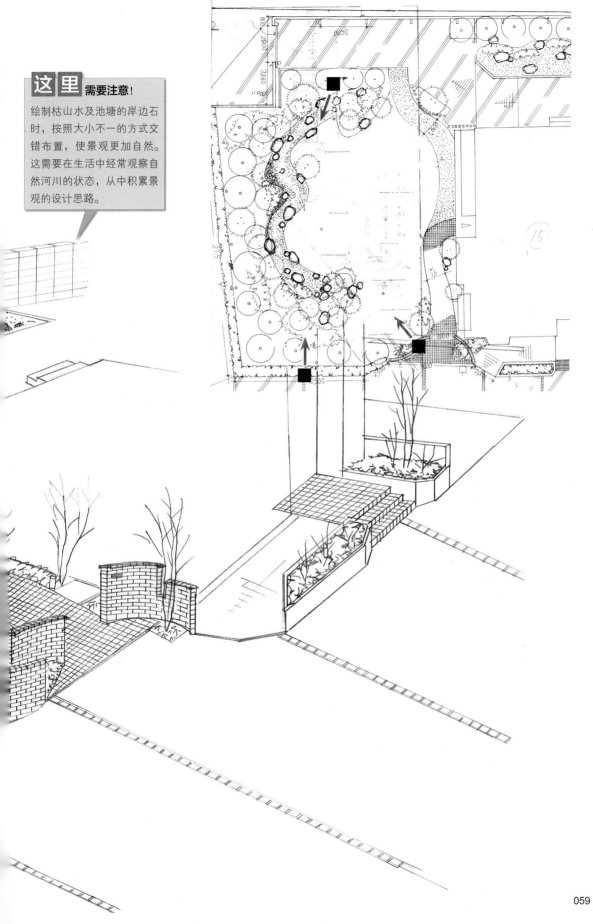

1 占地广阔的庭院中，一大半都铺满草坪，远处是用各色假山石做成的枯山水景观，并利用原有的大型树木作为背景。一幅如诗如画的景观。

设计要点

☐ **场地规划**

大型步道、草坪、枯山水、植木、行车道、各个房屋、建筑物内部的要点等都绘制在图中。

☐ **设施规划**

草坪、植木所用的灌溉系统采用了可以定时启动的喷灌设备。同时在步道沿途的各个景观位置安装了照明装置。

☐ **步道规划**

从正门到玄关的道路，以及庭院内的步道，还有房屋四周可供停车的空间，都要根据客户的要求规划进去。

☐ **绿化规划**

庭院的背景采用齿叶木樨构成的灌木垣，然后将原有的山荔枝、枹栎、枫树、山枫等大型树木全部移栽到庭院深处，使景观更为出色。

2 从河滩的终点向上游看去的视角。岸边用玉石来表现河滩的效果，也为了强调枯山水景观的整体效果。**3** 从河滩的上游向下游观看的视角。布置岸边石的时候，即使在很短的距离内也要用心表现出上游与下游的区别。上游的岸边石比较粗犷，下游则相对稳重。这些都需要在选购石料的阶段就考虑好，并安装到合适的位置。

📄 DATA

竣工时间：2012 年 5 月

设计·施工：三桥庭院设计工作室

施　　工：大友园艺

施工地点：宫城县名取市

施工面积：1100 平方米

类　　型：住宅庭院

主要植木：大柄冬青、枫树、白柞树、枫树、山荔枝等

主要石材：鸟海石（安山岩的一种）、宫城县的石料

CASE 6

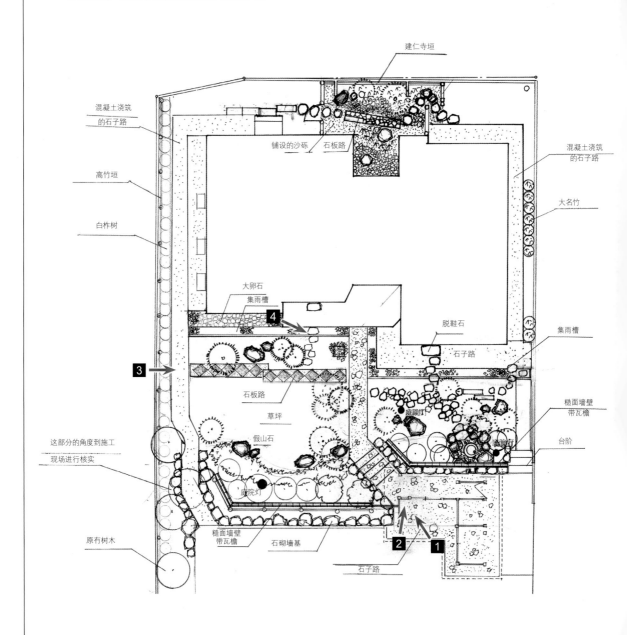

实例 7

石垣与矮洗手盆的庭院

　　计划建造一个完全日式风格的庭院及外墙。由于地基较高，所以要建造石砌墙基，并作为庭院的背景。这栋房屋没有后院的设计，所以设计上用灌木连成直线作为景观的重点表现。特意布置的矮洗手盆突出了景观的高低落差，让视觉效果更加丰富。房檐、步道、沙砾、集雨槽等和风元素，让整个庭院表现出日式氛围。

建仁寺垣

混凝土浇筑
的石子路

铺设的沙砾　　石板路

混凝土浇筑
的石子路

高竹垣

大名竹

白柞树

大卵石
集雨槽

4

脱鞋石

集雨槽

石子路

3

糙面墙壁
带瓦檐

石板路

台阶

草坪

假山石

庭院灯

这部分的角度到施工
现场进行核实

庭院灯

糙面墙壁
带瓦檐

原有树木

庭院灯

2　　**1**

石砌墙基

石子路

1 从入口望向住宅的视角。来访的客人会沿着左侧带有枫树的步道，看着前面的大柄冬青树走向住宅的玄关。**2** 石砌墙基上的围墙中设计了半月形窗口，在客厅内就能通过窗口观看到墙外的景色。**3** 住宅侧面的步道为石子路，走过这里就能看到住宅一侧的庭院。绿色的草坪和红色的砖石形成美丽的色彩对比，与建筑物的线条构成优美的景观。**4** 离开住宅的走廊可以看到矮洗手盆，灌木墙形成的空间将庭院统一为一体。

设计要点

☐ 场地规划
庭院和步道位于建筑物的南侧，并被步道划分为两个风格不同的区域，站在玄关前可以欣赏到庭院内侧的草坪。

☐ 设施规划
庭院入口附近的石砌墙基上建造了和风式围墙。这些围墙也是为了与建筑物配合而设置的，要结合整体景观进行设计。

☐ 步道规划
延伸至中央玄关位置的步道，从庭院两侧向玄关方向以及草坪区域中铺设的踏脚石、石子路、檐下廊等设施采用了各种风格不同的材料建造。

☐ 绿化规划
利用原有的枫树、榉子树、细叶冬青、木兰等植物，配合新栽种的各色灌木，营造出细腻的景观效果。

📄 DATA

竣工时间：1993 年 5 月
设计·施工：三桥庭院设计工作室
施工地点：千叶县八千代市
施工面积：270 平方米
类　　型：住宅庭院
主要植木：大柄冬青、枫树、榉子树、沙罗树、扁柏、木兰、细叶冬青、山柳等
主要石材：木曾石（花岗岩的一种）、丹波石（火山岩的一种）、筑波卵石、群马石（火山岩的一种）

连香树墙与沙砾地面的庭院

这个庭院与鹿岛神宫相邻，是一片受到神灵恩典的土地。将神社内的树木作为背景，在住宅区内用落叶树组合表现出清爽的景观。石头垒砌成的围墙将庭院与外部隔开，庭院中心布置有水钵，假山石和植木的布置也都向水钵方向汇集。居室则使用连香树的灌木墙进行遮挡。

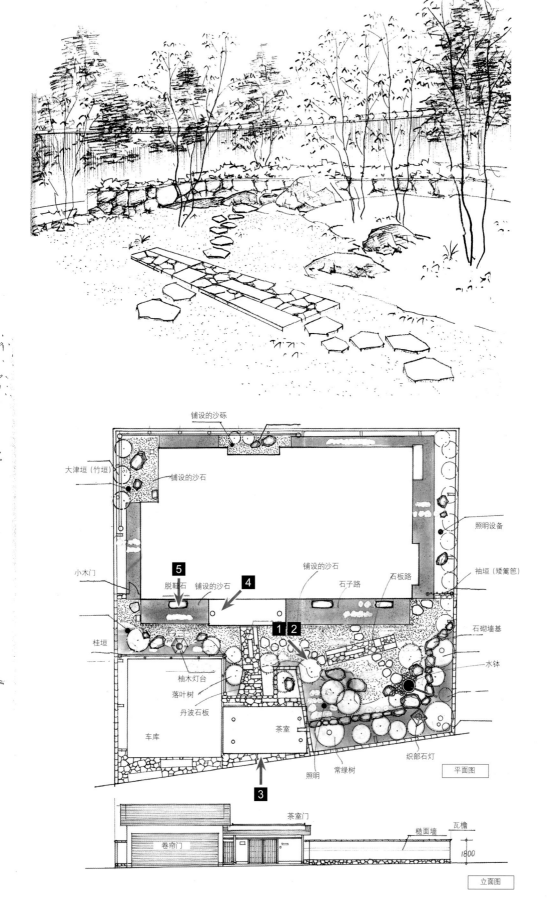

铺设的沙砾

大津垣（竹垣）

铺设的沙石

照明设备

小木门

5

脱鞋石　铺设的沙石

4

铺设的沙石

石子路　石板路

袖垣（矮篱笆）

桂垣

1　**2**

石砌墙基

柚木灯台

落叶树

丹波石板

车库

茶室

水钵

3

照明

常绿树

织部石灯

平面图

茶室门

瓦檐

卷帘门

糙面墙

1800

立面图

设计要点

□ 场地规划
要保证将外部的鹿岛神宫景观收入庭院中，步道、主庭院、住宅前庭院等区域都要设计出各自的特色。

□ 步道规划
步道一直延伸到玄关的门廊位置，通过踏脚石、石板路、路肩等布景，将步道引至水钵前的大型踏脚石位置。

□ 设施规划
水钵、石砌墙基、石灯、假山石是这个庭院的主体景观。布置的时候着重强调了这些布景的表现。

□ 绿化规划
以鹿岛神宫内的照叶树为背景，在庭院内增种枫树、槭树、沙罗树等落叶树，地面用蕨类和苔藓类植物覆盖。

📄 **DATA**

竣工时间：1990 年 8 月
设计·施工：三桥庭院设计工作室
施工地点：茨城县鹿岛市
施工面积：300 平方米
类　　型：住宅庭院
主要植木：枫树、蕨类植物、沙罗树、苔藓、鹅耳枥、杜鹃花、槭树、山荔枝等
主要石材：御影板石（花岗岩的一种）、丹波石（安山岩的一种）、筑波石（花岗岩的一种）、樱川沙砾（河沙）

1站在玄关的门廊处望向庭院的视角。从入口开始延伸的围墙将庭院和步道做了明确的划分，也增加了看客对于庭院景观的期待感。**2**庭院的主要部分。假山石、树木都朝向位于庭院中央的水钵。苔藓的绿色与碎沙砾形成色彩对比，近景端的石板路也是庭院的重要景观。**3**从入口处看到的玄关。左侧车库的墙壁上有很多连香树。步道上的台阶在设计时要把便于行走放在第一位，每一个细节都要精心处理。**4**桂垣在隐藏了车库墙壁的同时，还作为了住宅一侧庭院的背景。前面种植一些小花草可以让景观完整起来。**5**车库后墙与住宅距离很近，如果用其作为庭院的背景不免显得有些煞风景。所以整个车库的墙壁都被藏在桂垣的后面。柚木灯台是景观的重点，蕨类植物和苔藓将庭院显得清爽整洁。

实例 **9**

瀑布流水的庭院

布置在庭院中央，使用循环水的瀑布流水景观。因为填埋造地的缘故，庭院所在地的地下水位较高，所以建造假山石组，栽种大型树木着实费了一番工夫。最初的设计是低矮的瀑布景观，但根据客户的意见改为较高的瀑布。假山石采用山形县盛产的鸟海石，鸟海石的造型丰富，非常适合组建瀑布流水景观，同时不乏豪迈之气。

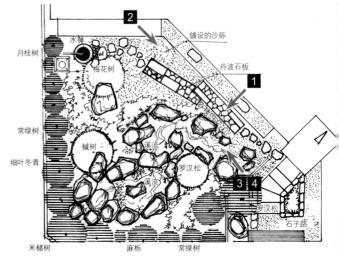

1 正对瀑布流水景观的视角。从高处落下的水流在经过一个平台后形成了两段瀑布，然后流入地面的溪流中。**2** 庭院的全景。在溪流的末端布置了一块大假山石，将庭院景观归纳在一起。御帘垣将入口区域和庭院内部划分开来，让庭院形成一个独立的区域。**3** 庭院的入口、玄关门廊的景观。沿着踏脚石前进就能看到庭院正面的瀑布流水景观。**4** 庭院深处布置的水钵和织部石灯景观，这里的古梅花树颇具风韵。当阳光透过枝叶间隙洒落在水面上时，流水美景更加丰富。

设计要点

□ 场地规划

由于庭院地处住宅区，为了防止瀑布流水的水声扰民，在瀑布景观的后方密植了大量植木。同时与假山石一起，沿着溪流进行布置，增加了流水的纵深效果。

□ 步道规划

玄关侧面到庭院的步道上设有踏脚石，步道的尽头就是瀑布流水景观。为了能更方便地欣赏到景观，步道上还布置了石板。

□ 设施规划

在溪流尽头埋设了储水罐，将景观中的水循环使用。通过照明设备使得在夜晚也能观赏到不同的景致。

□ 绿化规划

庭院所处的填埋地下水位较高，在种植大型树木时，需要将树坑挖的比较深，用沙砾制作排水层。然后在沙砾上方加入土壤改良剂、移栽用的土壤，最后埋设供植物蒸腾用的管道。

📄 DATA

竣工时间：1988 年 3 月
设计·施工：三桥庭院设计工作室
施工地点：千叶县千叶市
施工面积：150 平方米
类　　型：住宅庭院
主要植木：梅花树、杜鹃、米槠树、映山红、罗汉松、山桃等
主要石材：鸟海石（安山岩的一种）、丹波石（安山岩的一种）、伊势沙砾

实例10

杉树与草坪的庭院

围绕建筑物建造的庭院。玄关、起居室、茶室朝向南侧，这里是宽度只有2m的狭长空间。屋檐下用碎石路作为路肩，确保其行走的功能。假山石尽可能用大一些的石料。为了对比出"下沉"效果，庭院内栽种了很多杉树，然后还布置了一些槭树。玄关内侧还设计了一个坪庭（中庭）。

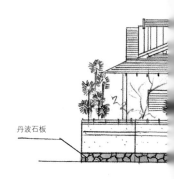

丹波石板

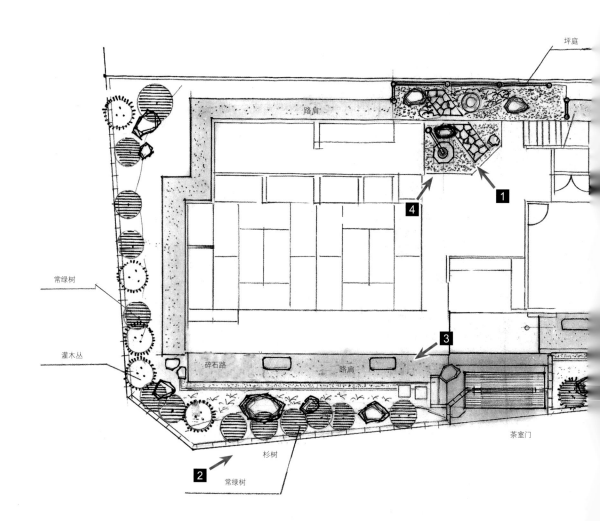

坪庭

路肩

常绿树

灌木丛

碎石路

路肩

杉树

常绿树

茶室门

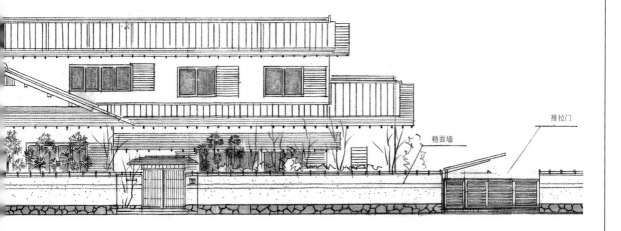

推拉门

糙面墙

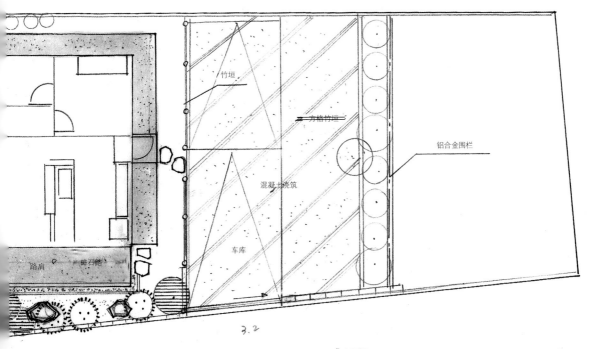

竹垣

方格竹垣

铝合金围栏

混凝土浇筑

车库

路肩　碎石铺

3.2

1∶100

1 坪庭内外被巧妙地连接在一起，庭院的范围被延伸放大。从坪庭内侧向外望去是以连香树作为背景的围墙，让景观也有了一些不同的效果。

2 从庭院外看向房屋的视角。杉树的高度对扩大空间感很有效果。包括围墙的设计在内，用不同布景构成横竖线条效果，是这座庭院不可或缺的要素。**3** 玄关侧面看到的庭院景观。这个视角下能够看到假山石、灌木、矮树、草丛等丰富的景物。在狭小的空间内反而布置较大的假山石，这种设计给人带来一种别样的感受，总是能超出人们的预期。**4** 在坪庭内需要从侧面一点的位置才能观察到室外的石灯，与室内的水钵相互呼应，营造一抹神秘色彩。

设计要点

□ 场地规划
在背面留出修建坪庭的空间，在南侧种植树木和布置假山石，西侧种植了常绿树，以避免西晒对生活造成的影响。东侧设计了灌木垣和停车场，同时留出了通往后门的步道。

□ 步道规划
从停车场经过后门到玄关，以及屋檐下都设计了步道，并且为了方便绕到庭院后方，房屋四周都设置了路肩。

□ 设施规划
坪庭（中庭）里布置了水钵，并配套了给排水装置和照明设备。站在玄关和站在室内地台上所看到的景观各有不同。

□ 绿化计划
庭院南侧的绿化主要以杉树为主。考虑到从庭院外看到的房屋外观效果，还在树木下方搭配了草丛，让景观的氛围更加完整。

📄 **DATA**

竣工时间：1996 年 12 月
设计·施工：三桥庭院设计工作室
施工地点：千叶县船桥式
施工面积：170 平方米
类　　型：住宅庭院
主要植木：枫树、竹子、白柞树、台杉树、罗汉松、细叶冬青、械树等
主要石材：群马假山石、水孔石、伊势的御影石、筑波卵石

CASE10

实例 **11**

屋顶庭院与枯山水庭院

这是对一个有着多株大型黑松的住宅庭院进行改造，并在车库顶上修建庭院的工程事例。在建筑物完工后，阳台周边的庭院被保留了下来。将不需要的植木撤掉，布置新的假山石。屋顶庭院要求尽可能得轻量化设计，所以主要选用新岛产的多孔轻质石材作为假山石。

渡邊邸屋上庭園 パース

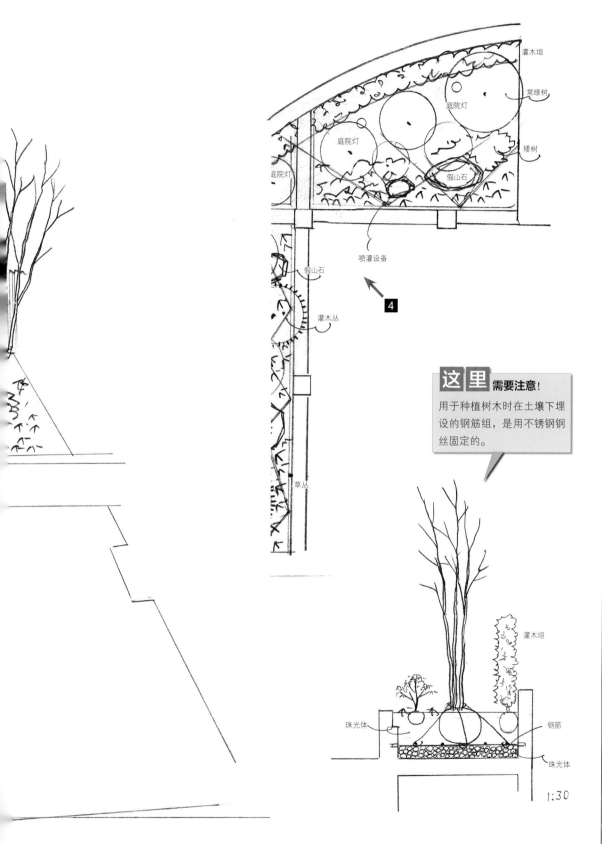

灌木垣

常绿树

庭院灯

庭院灯

矮树

庭院灯

假山石

喷灌设备

4

假山石

灌木丛

草丛

这里需要注意!

用于种植树木时在土壤下埋设的钢筋组，是用不锈钢钢丝固定的。

灌木垣

珠光体

钢筋

珠光体

1:30

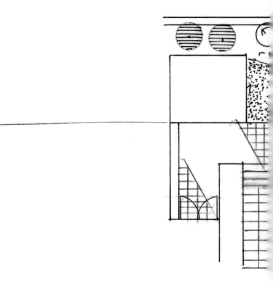

1 利用原有的松树、樟树建造的庭院。庭院远处（照片的中央）是作为枯山水源头的枯瀑布的假山石组，周围栽种有枫树、槭树、桧叶金苔等景观植物。

设计要点

□ 场地规划
由于庭院的范围是已定的，所以施工就从去除不应存在于设计中的植木开始，并重新栽种一些本地品种的植木。

□ 步道规划
宽广的阳台同时兼具步道的作用，让庭院的每一处空间都能用到。枯山水的水道也被叫作能够绕到庭院后部的步道来使用。

□ 设施规划
主庭院、屋顶庭院都安装了喷灌设备和照明设备，让客户在打理庭院上无须过多费心。

□ 绿化规划
在庭院里原有的松树、樟树、竹子、垂枝枫树、柿子树、细叶冬青等植木的基础上，增种了槭树、枫树、大柄冬青等落叶树，丰富了景观情趣。

DATA

竣工时间：2010 年 6 月
设计·施工：三桥庭院设计工作室
施　　工：千叶县千叶市
施工面积：214 平方米
类　　型：住宅庭院
主要植木：大柄冬青、枫树、白柞树、山荔枝、
　　　　　山枫等
主要石材：群马产的石料

2 从庭院侧面能够看到主要的假山石组。此处假山石景观的要素是石料的叠加组合，布置的时候力求从每个角度都能看到不同的造型，每一块石料的布置都经过精心设计。**3** 从枯山水的下游向上游的阳台观看的视角。在枯山水中段部分设置了柚木灯笼，近处的松树附近则布置了一个水钵。同时为了让客户从住宅的每一个房间都能欣赏到不同的庭院景观，在设计时就将不同的要素考虑了进去。**4** 屋顶庭院的效果。用多种灌木遮挡了庭院四周的窗户，然后在灌木旁栽种了各种花草。让屋顶庭院也能成为一个私密的空间。

实例 **12**

停车场兼庭院

　　从 2 层阳台可以俯瞰到的庭院。为了在平地上制作出一定的起伏，在庭院尽头处制作了一个大约 3 米长的土台，同时用竹垣和植物作为墙体，起到保护隐私的作用。土台中央布置了一个壁挂式水钵，打造出类似泉水的景观。地面铺设了大块的瓷砖和枕木，并用古典红砖组合出古风纹样。庭院两侧主要栽种落叶树和各式花草。

设计要点

☐ **场地规划**
庭院地面的瓷砖，两侧的植木，尽头土台上的花草，都是为正面景观而打造的。

☐ **设施规划**
土台壁上的瓷砖下设置了水源装置，可以让水流到水钵中。夜晚通过照明设备可以让景观效果更为理想。

☐ **步道规划**
瓷砖地面既作为庭院的一部分，同时也兼顾停车场的作用。通过外部的台阶可以进入 2 层的阳台。

☐ **绿化规划**
为了庭院内的隐私效果，栽种了大量白柞树等大型常绿树，构成树墙对外部进行遮挡。内侧则主要栽种落叶树。

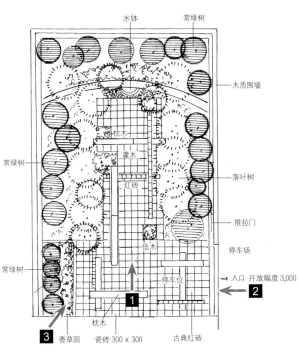

图中标注：

水钵　常绿树

木质围墙

常绿树

落叶树

枕木

灌木

红砖

推拉门

低木

停车场

常绿树

停车位

入口　开放幅度 3,000

香草园　瓷砖 300 x 300

枕木　古典红砖

📑 DATA

竣工时间：2009 年 5 月

设计・施工：三桥庭院设计工作室

施　　工：千叶县船桥市

施工面积：100 平方米

类　　型：住宅庭院

主要植木：大柄冬青、枫树、白柞树、吊钟花、卫矛、槭树、山荔枝等

主要石材：筑波卵石、意大利瓷砖、古典红砖

1 从 2 层阳台位置俯瞰庭院的视角。瓷砖、枕木、红砖组合出色彩丰富的地面。夜晚在灯光下能展现出与白天不同的、梦幻般的氛围。**2** 从庭院外向庭院内看的视角。入口部分作为停车位使用。地面向右延伸，与庭院内部连接在一起。左边是木地板和登上阳台的台阶。**3** 大块的瓷砖、枕木、红砖组合出的图案让地面与植木相呼应。瓷砖表面的凹凸起伏也让景观多了些变化。

假山石庭院

　　这是一座有历史的寺院，设计的重点是在山门侧面和中庭里布置的形态各异的假山石组景观。本次施工是借着院内重修石子路面的机会，对庭院景观进行改造，所以设计了符合寺院特点的假山石景观。庭院的两个区域中都制作了土丘、假山石等景观，与佛像相互呼应。

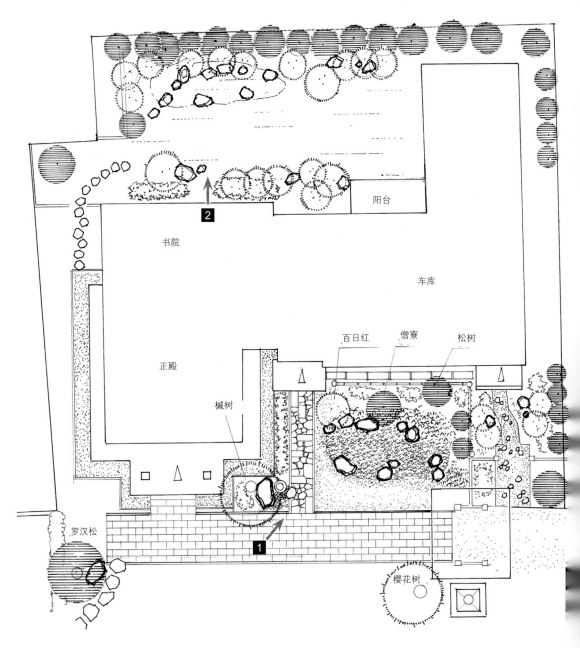

阳台

书院

车库

百日红　　僧寮　　松树

正殿

槭树

罗汉松

樱花树

1 院内已有的槭树、樱花树、松树等树木被原样保留下来，然后在此基础上建造了土丘和假山石组。假山石相互之间的叠加布置是设计中的重点，靠前一点的大块石料也是假山石组中的一部分。2 用槭树、樟树等高大的树木将中庭包围起来，同时也作为书院庭院的一部分。较为潮湿的环境是个不大不小的问题，希望种植的苔藓坪能够解决。

设计要点

□ 场地规划
寺院的建筑物都已经建造完成，并形成了各自的庭院空间，所以要结合现有布局进行景观设计。

□ 设施规划
在中庭安装有喷灌设备，以保证植被的生长，书院前的庭院中设有照明设备，夜晚也可以观景。

□ 步道规划
从山门到正殿的道路铺设了高品质的石板路，以表现"真"之意。通往书院和僧寮的步道设计以彰显"行"和"草"的目的，连接中庭的步道则由踏脚石构成。

□ 绿化规划
原有的树木基本都是大型树种，在内庭和玄关前适当增种了一些沙罗树、槭树等植木。山门侧面的庭院内主要栽种的是玉龙草。

📄 DATA

竣工时间：1989 年 5 月
设计·施工：三桥庭院设计工作室
施工地点：东京都港区
施工面积：200 平方米
类　　型：住宅庭院
主要植木：枫树、维氏熊竹、玉龙草、
　　　　　山枫等
主要石材：鸟群马的石料

实例 14

枯瀑布与枯山水的庭院

　　客户的要求是从室内观赏瀑布景观。当时客户和设计师都比较年轻，于是想尝试建造一个洋溢着朝气的庭院。在施工的时候又首次接触到群马产的"葡萄石"，所以利用原始石料凌厉的造型，打造出风格豪迈的景观。背景部分采用了灰浆墙壁。

发挥石材本身的特点，表现出激烈豪放的气氛。施工时石材沿枯山水两岸向庭院深处布置，每块石头之间的距离也经过了精心设计。

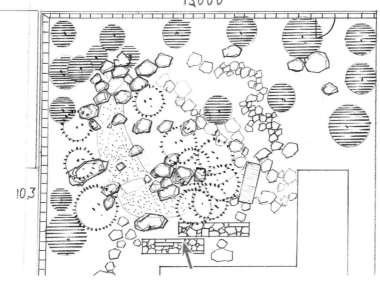

13000

10.3

设计要点

□场地规划

为了让庭院获得理想的纵深感，将枯瀑布景观设置在了庭院一角，而把溪流的终点布置在庭院的另一角。

□步道规划

进入庭院门后，站在石板路上就能从正面观看到枯瀑布景观，进而跨过小桥，站在踏脚石上就能看到别样的景致。

□设施规划

为了能将枯山水中的雨水及时排除，沿着枯瀑布安装了排水设备，同时还安装了照明设备。

□绿化计划

为了使枯瀑布看起来更加壮观，在近处栽种了落叶树，而瀑布周围则主要布置了低矮灌木和草丛。

📄 **DATA**

竣工时间：1985 年 3 月
设计·施工：三桥庭院设计工作室
施工地点：千叶县习志野市
施工面积：140 平方米
类　　型：住宅庭院
主要植木：枫树、杨桐、蕨类、杜鹃、
　　　　　木贼、山荔枝等
主要石材：群马产的葡萄石、伊势卵石

实例 15

独具匠心的石材庭院

主体由各种石材构成，主庭、中庭、步道都用石材建造了景观。这里的石材并非随意当作建筑材料来使用，而是根据每块石材的特性，将其融入到景观设计中来。尤其是石材上的裂纹，更是不可多得的元素。

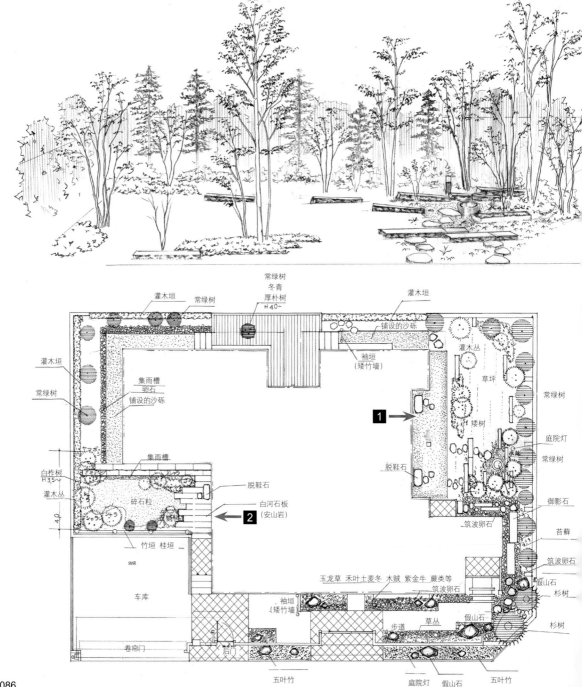

常绿树 冬青 厚朴树 H40~
灌木垣　常绿树
灌木垣
铺设的沙砾
灌木丛
草坪
常绿树
矮树
庭院灯
常绿树
御影石
苔藓
筑波卵石
筑波卵石
假山石
杉树
杉树
五叶竹

灌木垣
常绿树
集雨槽 卵石 铺设的沙砾
袖垣（矮竹墙）
脱鞋石
1

白柞树 H3.5~
灌木丛
集雨槽
碎石粒
脱鞋石
白河石板（安山岩）
2
竹垣　桂垣
车库
卷帘门

玉龙草 禾叶土麦冬 木贼 紫金牛 蕨类等
筑波卵石
袖垣（矮竹墙）
步道　草丛　假山石
五叶竹　庭院灯　假山石

第三章　实例

086

■1 主庭洗手盆周围的景观。白河石（安山岩）制作的石板上被加工出纹理，在不同的光线下石板展现出的效果也会随之变化。将这样的设计应用于整个庭院中，让景观效果更加生动。■2 中庭地面上的石板。这里的石板既是步道，也作为脱鞋石使用。石板表面凹凸不平的裂纹也被设计师应用到景观设计中。

设计要点

□ 场地规划
中庭兼具通往停车场的步道作用，主庭、步道及庭院正面的杉树都被设计为主体景观。

□ 步道规划
通过布置踏脚石，将入口到玄关，以及两侧连接主庭的步道连接起来。中庭的石板路则是另一处景观。

□ 设施规划
除了安装有洗手盆的供水装置、喷灌系统外，庭院灯等照明装置也装配在相应的位置上。

□ 绿化规划
玄关侧面的杉树是重点景观之一，利用扁柏墙作为主庭的背景，同时中庭也种植了多株落叶树作为景观。

📖 **DATA**

竣工时间：2004 年 12 月
设计·施工：三桥庭院设计工作室
施工地点：千叶县千叶市
施工面积：300 平方米
类　　型：住宅庭院
主要植木：大柄冬青、榉木、杨桐、杜鹃、
　　　　　沙罗树、白柞树、鹅耳枥、扁柏、
　　　　　堪氏杜鹃等
主要石材：白河石（安山岩）、伊豆的青石、
　　　　　鞍马石（闪绿岩）卵石

CASE 15

实例 16

瀑布、流水与矮洗手盆的庭院

　　计划在起居室和客房外布置大片草坪和丰富的树木作为主体景观。针对位于正面玄关内小庭院的夜景观赏需要进行了设计。矮洗手盆、瀑布、溪流、石板路等景观在庭院中随处可见。透过玄关的玻璃门可以看到背后衬着连香树墙的柚木灯笼。住宅周围还建有茶庭，踏脚石、路肩等便于行走的设施。

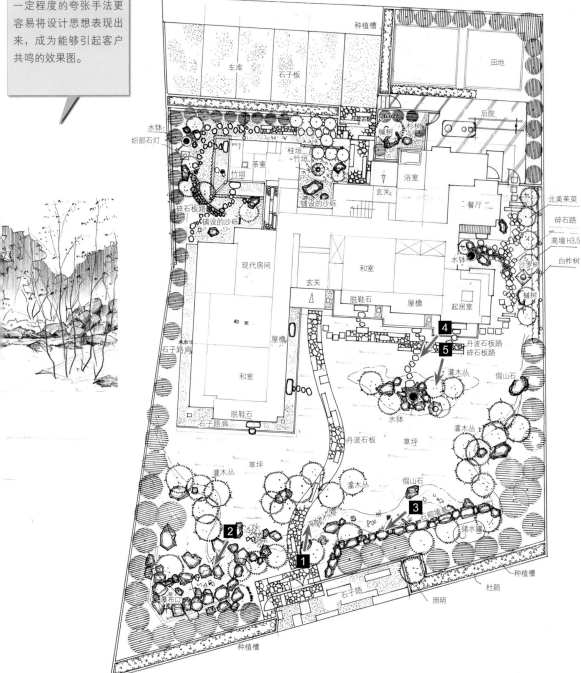

种植槽

车库　石子板　　　　　　　　田地

后院

石子板　　椴树　杉树
水钵　　　　　　　　浴室
织部石灯　　　　　　　玄关
桂垣　　　　竹垣　　　餐厅　　北美茱萸
茶室　　竹垣　　　　　　　　碎石路
竹垣　　　　　　　　　　水钵　高墙H3.5
碎石板路　铺设的沙砾　　　　　　沙罗树
铺设的沙砾　　　　　　　　　　白柞树
　　　　　　　　　　　　　椴树

现代房间　　玄关　　和室
脱鞋石　屋檐　起居室
和室　　屋檐　　　　　　4
木走　　　　　　　　　　5　丹波石板路
石子路肩　　　　　　　　　　碎石板路
和室　　　　　　　　　灌木丛　假山石
脱鞋石　　　　　　　　水钵
石子路肩　丹波石板　草坪　灌木丛

草坪　　　　　灌木丛
灌木丛　　灌木丛　假山石
　　　　　　　　　白砌墙基　3
2　　　　　　　　储水罐
　　　　　1　　　石子路
瀑布口　　　　　　　石子路　种植槽
　　　　　　　　　　照明　　杜鹃

种植槽

■ 从步道向玄关、起居室方向观看的视角。正门
左边是瀑布，然后形成溪流穿过庭院。沿着步道
经过石桥就可以走向玄关，庭院的美丽景观让这
个过程变得十分享受。

2 秋季瀑布口周围的景观。
从住宅里都能够欣赏到流
水景观。

3 从溪流一侧观看瀑布的视角。较浅的水流更容易表现出动态效果。溪流中的假山石布置成滑落到水中的状态，让景观颇具动感。低矮的石桥给人安稳的感觉。**4** 从起居室看瀑布的视角。左侧可以看到矮洗手盆。步道上铺设的是巨大的御影石板（花岗岩）。**5** 起居室前的矮洗手盆景观。从起居室望向庭院，可以将洗手盆景观与远处的瀑布景观尽收眼底。在洗手盆和种植槽之间可以看到溪流。

设计要点

□ **场地规划**

在宽阔的住宅院内布置了瀑布、溪流、草坪、步道，以及作为前景的矮洗手盆与石板路，还有后门处的小庭院、茶庭、侧庭等诸多景观要素。

□ **步道规划**

正门和玄关之间用长长的石板路连接。起居室前有踏脚石和石板路可以通向洗手盆。后门处则有通向茶室、侧庭的步道。

□ **设施规划**

庭院安装了瀑布、溪流的水循环系统、洗手盆的供水装置，以及用于溪流、瀑布的景观照明灯等诸多电器设备。

□ **绿化规划**

瀑布背面是作为围墙的常绿树，庭院中心和步道附近主要栽种的是落叶树。各类树木的布局要满足从庭院内侧观看的需要。

📄 DATA

竣工时间：1992 年 2 月
设计·施工：三桥庭院设计工作室
施工地点：千叶县市原市
施工面积：700 平方米
类　型：住宅庭院
主要植木：大柄冬青、椤木、枹栎、米槠树、白柞树、鹅耳枥、山荔枝、山桃等
主要石材：群马产的石料、丹波石、御影石板

实例 **17**

以门前改造为主的庭院

这是一个以改造大门、围墙及步道为主的改建工程案例。庭院整体要求保持日式基调，围墙贴上护墙板和龟甲石。原有的丹波石（安山岩）板路带有御影石（花岗岩）的路肩，比较高级，因此在步道两侧种植了枫树、大柄冬青、映山红、桧叶金苔等植物，让景观效果更加清爽，庭院正面布置了作为主体景观之一的水钵。

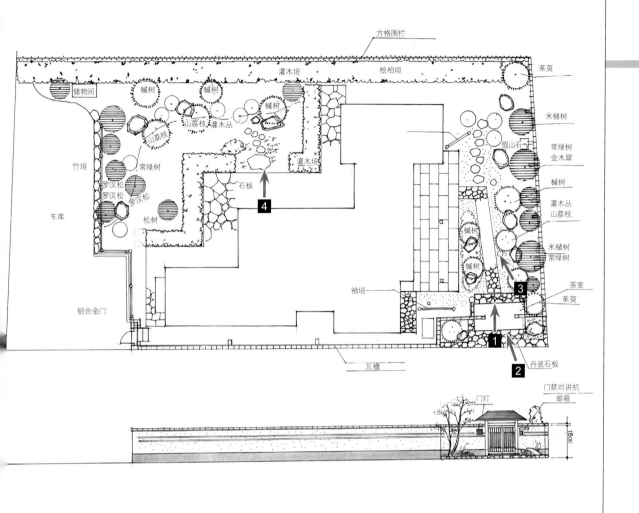

方格围栏
灌木垣　桧柏垣
储物间　　　榔树　榔树
榔树
山荔枝　灌木丛
常绿树
竹垣
罗汉松
罗汉松　罗汉松
车库　　　松树
石板
4
袖垣
铝合金门
瓦檐

茉萸
米槠树
假山石
常绿树
金木犀
榔树
灌木丛
山荔枝
米槠树
常绿树
榔树
榔树
3
茶室
茉萸
1
2
丹波石板

门灯
门禁对讲机
邮箱
1800

1 原有的丹波石（安山岩）板路两边也用御影石（花岗岩）做了路肩，与正门周围的御影石统一风格，同时让步道显得整齐紧凑。步道的尽头布置了主要景观的水钵。

2 原有的正门被保留下来，但外观已经配合现有风格进行了调整。围墙重新粉刷并安装石板，表现出厚重感。**3** 步道的设计融入轻松气氛，让访客能够欣赏着苔藓和树林步入玄关。**4** 主庭尽头设置了洗手盆，作为点缀性景物。背景利用原有的灌木垣来衬托洗手盆，然后布置碎石板路将其与住宅连接起来。

设计要点

□ 场地规划
利用正门周围原有的丹波石步道，在两侧栽种景观植物。用水钵和落叶树构成主庭的新景观。

□ 步道规划
水钵的给排水系统、庭院灯、聚光灯等设备的布线施工。

□ 设施规划
庭院四周铺设有石板步道，沿着步道植木是原有的灌木垣。去除掉一部分原有的灌木，增设水钵、踏脚石布景。

□ 绿化规划
在原有基础上增种大柄冬青、枫树、山荔枝、吊钟花、枹栎等植木，原有的落叶树则作为背景保留下来。

📄 DATA

竣工时间：2001 年 6 月
设计·施工：三桥庭院设计工作室
施工地点：埼玉县琦玉市
施工面积：200 平方米
类　　型：住宅庭院
主要植木：珊瑚木、白蜡树、枫树、桧叶金苔、罗汉松、三叶杜鹃、堪氏杜鹃、山荔枝等
主要石材：丹波石（安山岩）、龟甲石、群马产的石料

实例 18

大型瀑布的庭院

从住宅向下看，一个用 550 吨石料建造的高达 6 米的瀑布将自然竹林一分为二，景色蔚为壮观。为了建造瀑布和溪流，将原有的一部分竹林连根拔除，然后将石料运至此并进行搭建。在瀑布的背面还建造了防护墙、蓄水池等设施。动用了大量人力物力，在客户的理解和协助下完成了这个工程。

这里需要注意！

绘制瀑布流水等景观时，要注意实景的落差效果。假山石的绘制顺序也要参考天然瀑布的样式，这就需要经历多次野外写生，并对瀑布的结构做充分地了解。假山石并不只用作护岸石，将其布置在溪流及水池外，也能让景观效果增色不少。

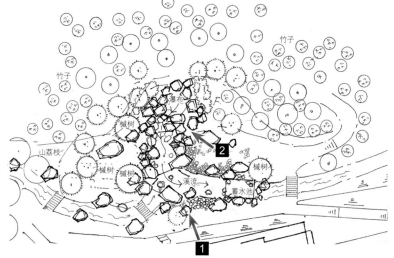

1

2

1 在住宅内观看瀑布的视角。瀑布的供水装置可以在室内进行控制。以自然竹林为背景，使得用循环水的瀑布有很大的落差。假山石大小不等，精心设计下，组合出壮丽的瀑布景观。**2** 瀑布的水流经过多级下落后，才会注入下面的溪流中。按照古典风格建造出的瀑布景观有着十足的魄力。乱石激流的景观效果构筑了这个造型独特的作品。

设计要点

□ **场地规划**

将院内原有的一部分竹林砍伐掉，利用地形建造瀑布流水的景观。

□ **设施规划**

溪流尽头设有容量达 14 吨的蓄水池，利用大型水泵为瀑布提供循环用水。

□ **步道规划**

在溪流尽头修建可以跨河的桥梁，同时用步道将瀑布口和建筑物与溪流连接起来。

□ **绿化规划**

为了能在秋季欣赏到红叶，院内栽种了枫树、槭树、银翘、山荔枝等树木。瀑布周围则种植低矮的植木。

📄 DATA

竣工时间：2006 年 10 月
设计·施工：三桥庭院设计工作室
施工地点：千叶县内
施工面积：19800 平方米
类　　型：住宅庭院
主要植木：常春藤、六道木、枫树、石菖蒲、映山红、木贼、槭树、山荔枝等
主要石材：群马和山形产的石料

玄关正面的坪庭

进入玄关，穿过门厅就能看到坪庭（中庭）。用竹垣作为坪庭的背景，近景的矮土丘上布置了作为主体景观的假山石和植木。根据观看视角的不同，庭院的有些部分从正面无法看到，而这些地方并没有敷衍了事，每一处都经过精心设计。

这里 需要注意!

实景中拐角位置观察不到的部分，也要在效果图中体现出来。这是利用透视图表现整体效果的一个技巧。

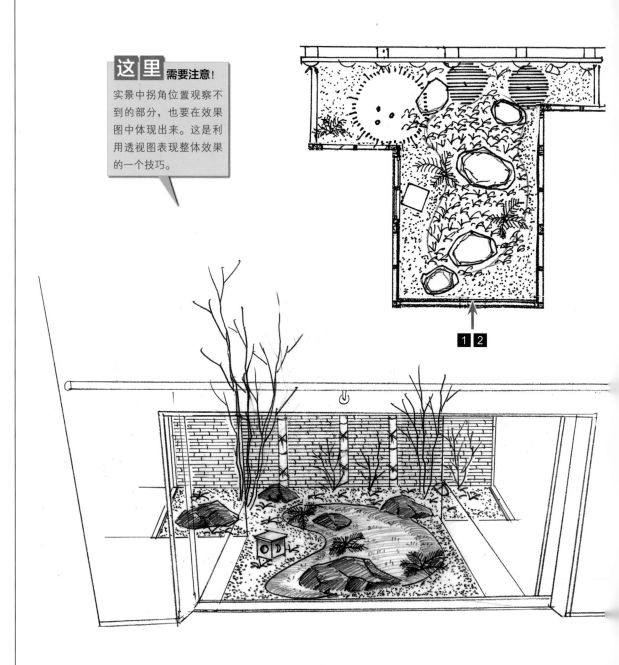

1 站在门厅观看坪庭的视角。在中央设置了矮土丘，通过假山石制造出层次效果。两侧的墙壁用竹垣进行遮挡。**2** 从更近一些的位置观察，发现最近的地方还有一个假山石。槭树栽种在建筑物另一侧，只有一部分能够被观察到。根据观看角度的不同，坪庭可以展现出不同的景观效果。

设计要点

□**场地规划**

在有限空间中用创意和技术打造动人的景色，需要用巧妙的技术来表现。

□**步道规划**

留出能够打理坪庭的步道。在这个工程中，步道甚至在北侧，施工时需要注意原有的住宅管线。

□**设施规划**

在北侧的狭小空间里，有燃气管道、上下水管道等诸多住宅管线，这些都要被考虑在设计规划中。

□**绿化计划**

一般坪庭都不会有太好的日照条件，所以选择了槭木、杨桐、蕨类、玉龙草等阴性植物栽种。

📄 **DATA**

竣工时间：2013 年 4 月
设计·施工：三桥庭院设计工作室
施工地点：千叶县市原市
施工面积：7 平方米
类　　型：住宅庭院
主要植木：蕨类、玉龙草、映山红、山枫等
主要石材：鸟海石（安山岩）

CASE 19

实例 **20**

枯山水的庭院

在新建住宅的时候，将旧住宅处的假山石、树木等搬运到新地址后，重新建造庭院的案例。计划在狭长的空间内，建造具有层次纵深感的枯山水庭院。施工时先进行填土作业，以改变地形，然后在栽种好的植木基础上布置假山石。施工由园艺公司负责，建成一座紧贴房屋围墙、布满草坪的庭院。

设计要点

□ 场地规划
建筑用地（指业主所购买的地皮总面积）的1/3是狭长的空间，在这里计划设计庭院。

□ 步道规划
近处的景观以草坪为主，所以没有特意在庭院中设计供巡游全院的步道，水湾右侧假山石组的四周也布置了草坪。

□ 设施规划
由于庭院面积比较大，所以在庭院各处都设置了供水装置，照明装置也相应地安装了不少。

□ 绿化规划
松树、罗汉松、槭树、山桃、细叶冬青、映山红等大型树木被栽种在庭院中。

以假山石为主体的古典枯山水景观，在不同的观看角度下，假山石呈现出不同的形态。近处的石桥、巨大的假山石让景观表现出层次效果，水湾到庭院近处的空间让人感到无拘无束。

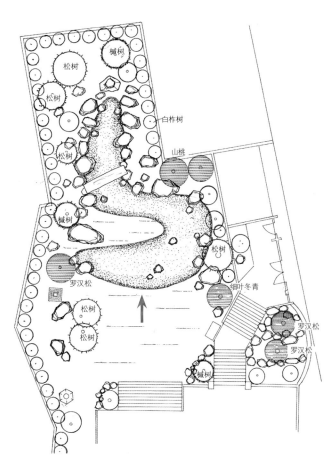

📋 **DATA**

竣工时间： 2013 年 4 月	**类　型：** 住宅庭院
设计·施工： 三桥庭院设计工作室	**主要植木：** 蕨类、玉龙草、映山红、山枫等
施工地点： 千叶县市原市	
施工面积： 700 平方米	**主要石材：** 鸟海石（安山岩）

实例 21

小溪流的庭院

　　沿着步道来到玄关前，就能看到庭院深处的小瀑布和溪流。虽然瀑布和溪流都很小，但是其周围布置的假山石却都是在精心设计下形成的生动丰富的景观。溪流的一部分岸边被修建成沙滩的样式，是从室内也能够观赏到溪流的景观。背景部分采用黑竹制作的竹板墙，假山石之间则栽种各式植木。

这里需要注意！

绘制假山石的时候，要按照大中小的节奏依次描出，同时还要结合实际施工时的摆放方式，这样会使景观效果绘制得比较自然。

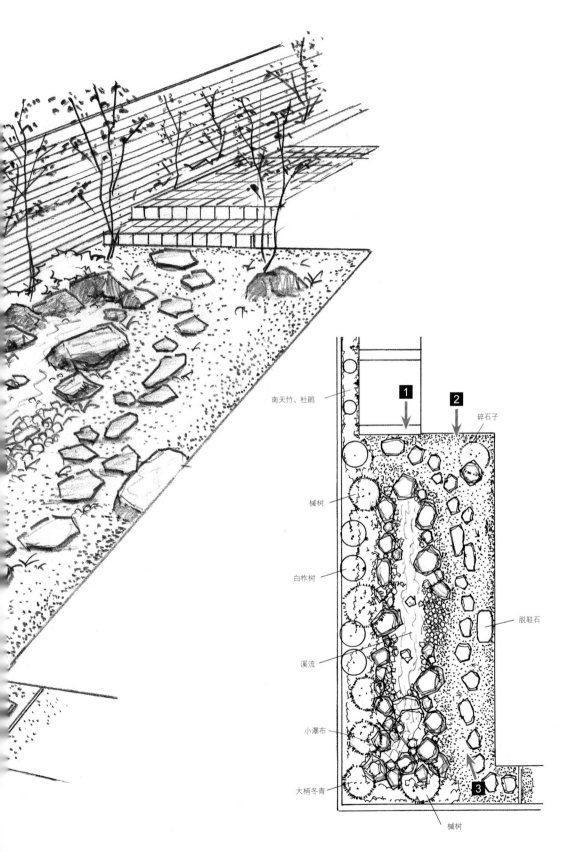

南天竹、杜鹃

1　　**2**　　碎石子

椈树

白柞树

脱鞋石

溪流

小瀑布

大柄冬青

3

椈树

1 虽然瀑布和溪流都不大，但是从石料的选择到
针对不同观赏角度的布置方法，都经过了精心设
计，最后打造成一个别致的景观。

2

设计要点

□场地规划
庭院中心布置了瀑布和溪流的景观，与邻居家相邻的地方栽种了植木做分隔，住宅部分则建造了步道景观。

□步道规划
玄关前布置了脱鞋石，并由踏脚石构成步道，然后布置成一直延伸到溪流后面的样式。踏脚石与脱鞋石采用相同的石材，增加景观的统一感。

□设施规划
在溪流尽头设置了储水罐，在瀑布出水口和溪流中都设置了供水管道，以便随时调整水的流量。

□绿化计划
用白柞树作为墙体，瀑布背面及溪流一侧种植有槭树、大柄冬青、山荔枝等树木，草丛则采用石菖蒲、禾叶土麦冬、玉龙草、木贼等草本植物。

3

📄 **DATA**

竣工时间：2008 年 7 月
设计·施工：三桥庭院设计工作室
施工地点：千叶县佐仓市
施工面积：30 平方米
类　　型：住宅庭院

主要植木：常春藤、大柄冬青、椴木、
　　　　　杜鹃、石菖蒲、映山红、槭树、
　　　　　禾叶土麦冬、山荔枝等
主要石材：群马产的石料

❷ 从另一个角度看庭院内的景观，可以看到脱鞋石、踏脚石的布置方式。只建造一个水流量很小的溪流时，防水措施也不用十分复杂，如果有合适的石料，就可以尝试建造一个这样的景观。❸ 从小瀑布位置向溪流尽头看去的视角。为了能看到近处的水景，特意留出了一片空间。在夏日的夜晚，听着涓涓的流水声，清凉感油然而生。

CASE 21

实例 **22**

茶庭与池塘的庭院

这是一个在大谷石（绿色的凝灰石）围绕的池塘周围，用原有的假山石建造护岸石的景观改造工程事例。计划在地基较高的和室前建造茶庭。在庭院中保留了生长多年的垂枝樱花和米楮树，这些树木已经是庭院的象征。原有的大型石灯景观被拆开，并分散布置在新设计的景观位置上。

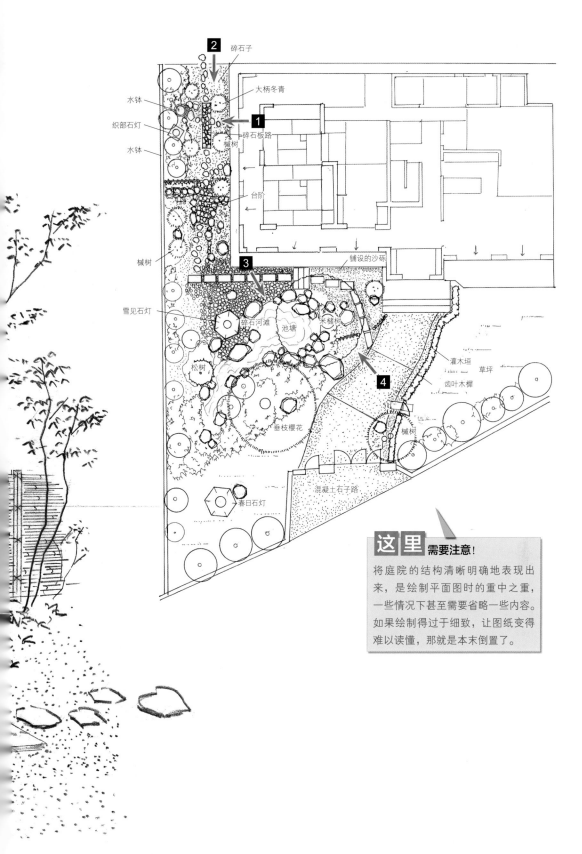

2 碎石子

水钵

织部石灯

水钵

大柄冬青

1

碎石板路

槭树

台阶

槭树

铺设的沙砾

3

雪见石灯

碎石河滩

池糖

米槠树

松树

灌木垣 草坪

齿叶木樨

4

垂枝樱花

槭树

春日石灯

混凝土石子路

这里 需要注意！

将庭院的结构清晰明确地表现出来，是绘制平面图时的重中之重，一些情况下甚至需要省略一些内容。如果绘制得过于细致，让图纸变得难以读懂，那就是本末倒置了。

设计要点

□ 场地规划
原有庭院的规划与住宅将整个建筑用地分为三部分，即茶庭、池塘和草坪，步道和停车场也占有不小面积。茶庭包含了台阶，也是景观之一。

□ 步道规划
从玄关侧面到池塘前，经过台阶连接茶庭的步道。另一条步道通过灌木垣的门和草坪延伸到后门，并连接住宅后面的停车场。

□ 设施规划
院内安装有洗手盆的供水装置与灯笼型庭院灯。庭院外墙由人造仿竹材料的御帘垣组成。

□ 绿化规划
在保留原有大型树木的基础上，增种了落叶树槭树、山荔枝、大柄冬青、沙罗树等树种。

■ 茶庭的景观，从屋檐下经过踏脚石可以来到洗手盆前。
石板路表现出粗犷的效果。院内照明采用了灯笼照明设
。院墙部分是人造仿竹材料搭建的御帘垣。以此为背景，
配栽种了枫树、大柄冬青等树木。

2 庭院景观之一的碎石板路。石板间较深的接缝表现出接近天然石材的
效果，通过一定的规律铺设，展现出石材本身的美感。碎石板路一直延
伸到台阶下的池塘边。**3** 用大谷石（绿色的凝灰石）围成的池塘也进行
了修整，发挥出石材真正的效果，营造出更为美观的池塘景观。**4** 改建
前就已在庭院生长多年的垂枝樱花和米楮树十分壮观，在改建设计中结
合这些标志性景观，让庭院获得全新的景观效果。不论什么树种，只要
经过多年的培育都能变得壮观雄伟。

📄 **DATA**

竣工时间：2013 年 4 月　　　类　　型：住宅庭院
设计·施工：三桥庭院设计工作室　主要植木：大柄冬青、椋木、牡蒿、枫树、白柞树、槭树、
施工地点：神奈川县横滨市　　　　　　　　　山荔枝等
施工面积：500 平方米　　　　　主要石材：鞍马踏脚石（花岗闪长岩）、群马产石料、
　　　　　　　　　　　　　　　　　　　　　筑波石（闪长岩）、御影板石（花岗岩）

实例 23

山荔枝的庭院

计划在比路面高出 2 米左右的地面上，建造一座考究的咖啡店。什么样的店面氛围才能吸引更多的客人前来光顾呢，肯定不能只靠卖咖啡，还需要有个能实现其他功能的庭院。于是在这里计划建造一个大型阶梯步道，将客人引导到店面中。

设计要点

☐ 场地规划
如何吸引客人进入到店内是设计的重点，需要考虑停车场和台阶步道的布局。主台阶步道面对公路，如同店面的招牌一样，要设计成开车经过就会眼前一亮的效果。

☐ 步道规划
店面后方的停车场到入口处之间的步道，经过台阶步道后，与阳台后方连接，然后到达由枕木铺设的步道。

☐ 设施规划
主要设施是带纹理的石板台阶、红砖与石板建造的晒台。这些设施的设计建造要满足使用方便，并能够眺望美景的要求。

☐ 绿化规划
利用原有的樱花树、栗子树、枹栎、朴树等大型树种设计景观，并栽种了与店名起源有关的大量山荔枝等树木，同时还种植了大面积的草坪。

作为店面象征之一的台阶步道,不仅每一级的宽度要，跨度也要很大。中间设有两段平台，设计上充分考了让客人能够轻松登上的目的。台阶左右布置了假山，栽种了植木等景观。

2 从店内视角观看庭院。广阔的草坪尽头是作为重要景观的晒台，设计上力求每个季节都能在庭院中看到不同的景色。让客人能在一个雅致美观的环境中享受咖啡、茶点。**3** 登上台阶以后看到的景色。原有的大型树木被设计到景观中，草坪修建成带有一定起伏的状态，追求不同距离上的多种观赏效果。

📄 **DATA**

竣工时间： 2011 年 3 月
设计·施工： 三桥庭院设计工作室
施工地点： 千叶县野田市
施工面积： 693 平方米
类　　型： 咖啡店庭院
主要植木： 杜鹃、垂直樱花、白柞树、罗汉松、腺齿越桔、槭树、山荔枝等
主要石材： 鸟海石（安山岩）、白河石（安山岩）

实例24

百莱家的庭院

与濑户内海广播公司相邻的一片树林，计划建造成一个为职员提供休息和吃饭的"百莱家"（公司食堂），同时栽种大量榉树和樱花树。水钵、石灯等布景也被布置在树林中，让职员在走过从公司到食堂之间的步道上，享受到樱花、绿荫、清脆的流水声等不同美景。

❶步道通过树林将百莱家与办公楼和庭院巧妙地连接起来，自然地整合在一起。❷原本不怎么起眼的水钵、石灯等布景，经过布局重新整合，变成了赏心悦目的景观。❸百莱家的木板步道是热门景观，从这里能够观赏到庭院内的所有景观。原有的榉树也作为景观的一部分，融入到建筑物中。❹水钵中的水经过步道下方，汇入建筑物旁边的溪流中。实际上水流是在步道尽头处又循环回去的。

设计要点

□ 场地规划
从公司办公楼到树林中的路线要如何规划，是个重要课题。需要结合原有道路和树林的疏密度来确定。

□ 步道规划
由于使用了木质建材，使建筑物能够更好地融入环境。设计步道时要考虑到访客沿着步道前行的同时，观看到的景色也会随之改变。

□ 设施规划
水钵中的水是通过储水箱循环使用的。树林各处都布置有石板、雕刻等景物，让各处都散发出艺术的气息。

□ 绿化规划
首先要砍掉不需要的树木，把樱花树和榉树保留下来，然后增种槭树等树种。

📄 **DATA**

竣工时间：2002 年 4 月
设计·施工：三桥庭院设计工作室
施工地点：股份公司桂组
施工面积：261 平方米
类　　型：公司食堂
主要植木：大柄冬青、映山红、榉树（原有）、樱花树（原有）、槭树、山荔枝等
主要石材：庵治石（花岗岩）等

实例 25

茶室门的庭院

　　本次的工程案例是改建一座有着大气轻盈、古香古色的茶室门（数寄屋门：一种木门）的庭院。打开大门，迎面看到的是位于庭院中央的台阶，当中还布置了洗手盆作为景观之一。玄关左侧是车库和主庭，右侧是起居室前的庭院和后门，住宅后面修建有浴室外的庭院。从住宅的各个房间中，都能享受到庭院各处的不同景观。

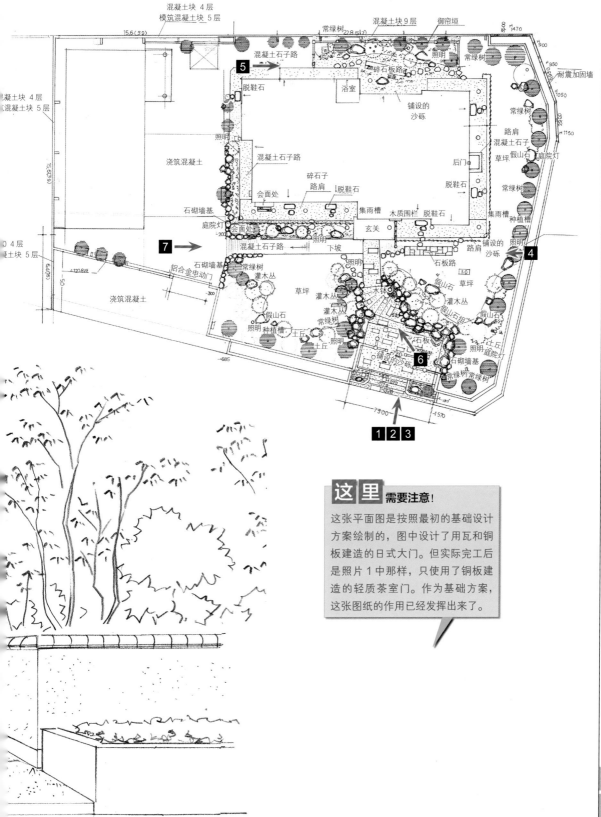

混凝土块 4 层
模筑混凝土块 5 层

15.6（39）

混凝土块 4 层
混凝土块 5 层

混凝土块 4 层
混凝土块 5 层

15.6（39）

常绿树
混凝土块9层 御帘垣
混凝土石子路
照明
常绿树
耐震加固墙
常绿树

混凝土石子路
脱鞋石
浴室
铺设的沙砾
常绿树
路肩
混凝土石子
草坪 假山石 庭院灯

照明
浇筑混凝土
混凝土石子路
碎石子
路肩
脱鞋石
会面处
石砌墙基
庭院灯
会面处
混凝土石子路
下坡
石板路
照明
铝合金电动门
常绿树
灌木丛
草坪
浇筑混凝土
假山石
照明
种植槽
土丘
照明

碎石板路
后门
脱鞋石
常绿树
木质围栏 脱鞋石
集雨槽 种植槽
玄关
铺设的沙砾
路肩
照明
假山石
草坪
灌木丛
灌木丛
假山石组
假山石
石板
照明
庭院灯
铺设的沙砾
石砌墙基
常绿树 常绿树

这里 需要注意！

这张平面图是按照最初的基础设计方案绘制的，图中设计了用瓦和铜板建造的日式大门。但实际完工后是照片 1 中那样，只使用了铜板建造的轻质茶室门。作为基础方案，这张图纸的作用已经发挥出来了。

CASE 25

119

1 从公路看大门的视角。门内台阶两侧布置的是丹波石,其围绕在种植树木区域的边缘。
正门大而轻便,与内部住宅的风格相辅相成。**2** 打开茶室门(数寄屋门)后稍微向左看,
能够看到玄关。精心挑选的护坡石不仅是为了实用,更是为了美观而布置。

3 走近大门，正面看到的是槭树。步道中段的一侧布置了水钵。水钵里留出的水从假山石之间流过，在右侧形成小溪流。**4** 玄关旁边的竹垣也是景观之一。这个竹垣还起到遮挡视线的作用。再向里看就是停车场。**5** 以石板路为主要景观的后院。这里设有杂物院，同时也是从浴室方向可以观赏到的庭院。通过密植的扁柏让外侧无法看到院内。**6** 大门内侧的步道四周的景色。假山石除了起到护坡的作用，也是特意挑选的形状良好的石料。草丛部分设有照明装置，可以提升夜景效果。**7** 停车场到玄关的步道。右侧是以杉树为主的主庭。左侧通过栽种的植木，让外部无法直接看到室内。屋檐下修建了集雨槽，并设置了高出路面的踏脚石，是十分美丽的屋檐景观。

设计要点

□ 场地规划
最重要的是确定大门的位置，以及如何布置从正门到玄关的步道。主庭、侧院、后院、车库的区域也要明确出来。

□ 步道规划
构思正门到玄关之间的台阶造型，是改建这个庭院最重要的一点。屋檐下的布置也要充分考虑到便于行走的要求。

□ 设施规划
庭院十分宽阔，因此绿化用水就面临一些挑战。这里的设计是将大量喷灌装置分为若干套系统进行控制。台阶的地面位置也充分考虑了照明的需要。

□ 绿化规划
种植杉树、罗汉松、梅花树、槭树、枫树、白柞树、山荔枝、桦木、具柄冬青、杜鹃等。

DATA

竣工时间：2003 年 2 月
设计·施工：三桥庭院设计工作室
施工地点：千叶县市原市
施工面积：860 平方米
类　　型：住宅庭院
主要植木：杉树、罗汉松、梅花树、
　　　　　槭树、枫树、白柞树、
　　　　　山荔枝、桦木、具柄冬
　　　　　青、杜鹃等
主要石材：群马产的石料

实例 26

茶香的庭院

这次的案例中，庭院用地宽阔，且带有一大片树林。但是在设计中特意用围墙将空间进行了分割。连接到玄关的步道也要重新修建，步道范围内布置了踏脚石、石板路、洗手盆等景观，还计划在侧庭也布置踏脚石和石板路。这座庭院的要点是石板路、踏脚石的布局方式。以便于行走为主要设计目标，并以此为基础设计其他的景观。

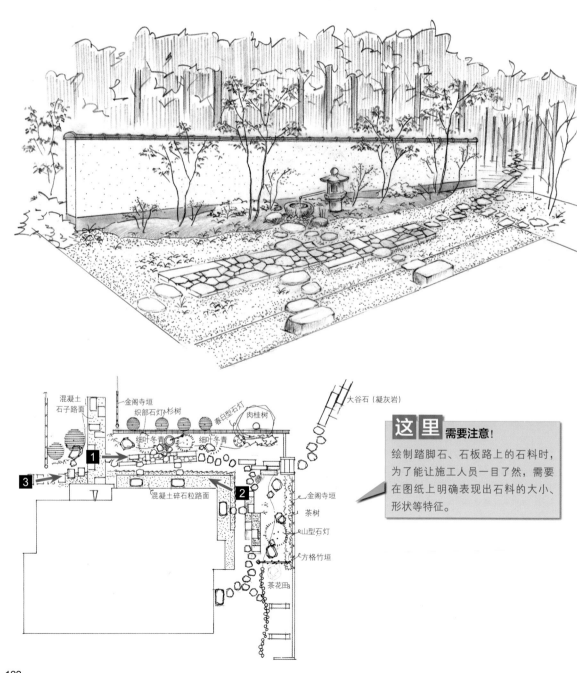

1 石板路沿着脱鞋石和集雨槽，形成动感的线条，并由踏脚石连接到洗手盆的位置，与茶室前的踏脚石保持相同的风格，自然而又有韵律。**2** 从住宅入口处向院内看的视角。左右踏脚石的布置方法不同，让庭院的景观变化更加丰富。石灯与水钵的位置需要根据整体风格进行适当调整。**3** 从步道位置看到的庭院整体景观。各种不同材料的步道搭配出协调感，以及树木高矮不一的效果，院内的一切景观都能融为一体。

设计要点

□ 场地规划
住宅前有一大片树林，通过设立围墙，明确出庭院入口的位置，同时也划分出庭院的范围。

□ 步道规划
玄关前到庭院各部分是通过路肩、石板路、踏脚石连接起来的，并修建了通过侧庭右侧门到树林的步道。

□ 设施规划
站在玄关前可以看到洗手盆的上下水系统及照明系统，特别是安装在树林中的照明装置的烘托下，产生出水声和光影景观。

□ 绿化规划
茂密的树林已经形成了浓绿色的背景，因此对庭院内植木的布置进行了简化处理。水钵的周围多采用草丛和苔藓来装点。

📄 **DATA**

竣工时间：2005 年 5 月
设计·施工：三桥庭院设计工作室
施工地点：千叶县东金市
施工面积：120 平方米
类　　型：住宅庭院
主要植木：枫树、枹栎、具柄冬青、
　　　　　映山红、槭树等
主要石材：丹泽产的石料、伊势产的
　　　　　石料、丹波石（安山岩）、
　　　　　樱川沙砾等

实例 27

石板铺地的庭院

在改造主庭的同时，在庭院地面铺设倾斜（相对于住宅）的大谷石板。庭院中原有的假山石被保留下来，并在原有的春日型石灯前布置了水钵，突出了在山水间游玩的主题特色。丹波石和御影石混合铺设的步道被特意建造成弯曲的状态，在入口到玄关前的步道两侧打造出穿行于林中的氛围。

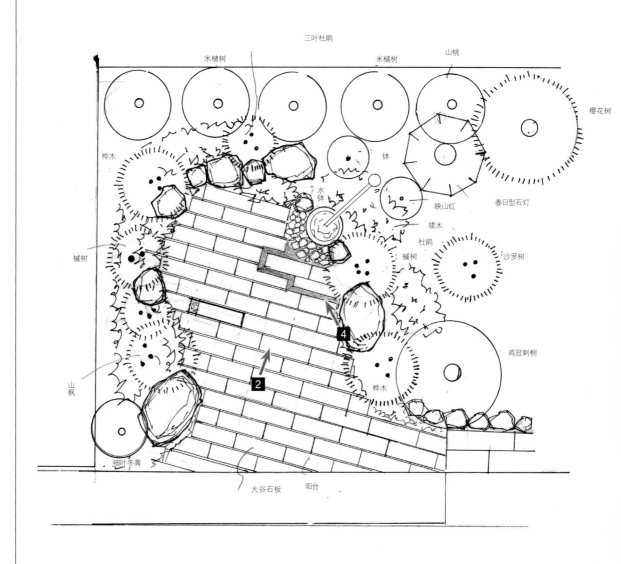

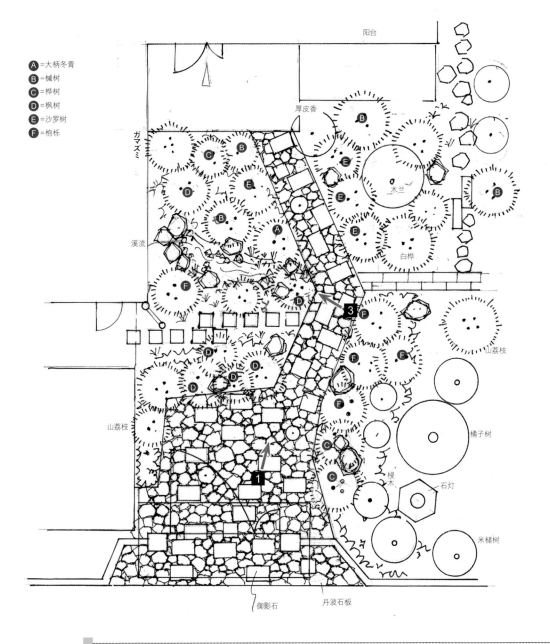

Ⓐ=大柄冬青
Ⓑ=槭树
Ⓒ=桦树
Ⓓ=枫树
Ⓔ=沙罗树
Ⓕ=枹栎

阳台

厚皮香

ガマズミ

木兰

溪流

白桦

山荔枝

山荔枝

橘子树

石灯

栈木

御影石　丹波石板

米槠树

设计要点

□ 场地规划
这是一座种植有大量树木并铺设了石板地面的庭院，计划在主庭部分建造一个凉亭。

□ 设施规划
庭院的每个区域都安装了足够的排水设备和照明设备，确保随时都能享受到庭院中的美景。

□ 步道规划
玄关前的树丛到住宅侧面用踏脚石连接，石板步道则延伸至凉亭，最后与主庭连接。

□ 绿化规划
庭院内的树木全都是客户自己收集并悉心栽培的。在这些树木之间增种若干灌木，使景观效果更加协调。

1 大门到玄关之间是一条可以延伸到树林中的步道。林中树木高大，在树下栽种了能够在不同季节开花的几种石楠科花卉（杜鹃类）。

2 精心铺设的石板路旁种植了各种绿植灌木，石板铺设成带有高低起伏的状态，让景观具有生动的效果。**3** 步道中间设置的一条小溪。从石缝里留出的涓涓细流能够吸引访客的目光，让心中感到平静和谐。**4** 从水钵留出的水在石板缝隙之间流动，让水钵和石板两种景观融为一体。

📑 **DATA**

竣工时间：1996 年 5 月　　　　类　　型：住宅庭院
设计·施工：三桥庭院设计工作室　主要植木：枹栎、沙罗树、桦树、小婆罗树、堪氏
施工地点：千叶县千叶市　　　　　　　　　　杜鹃花、山荔枝等
施工面积：400 平方米　　　　　主要石材：海石、大谷石（凝灰石）、御影石板（花岗
　　　　　　　　　　　　　　　　　　　　　岩）、丹波石（安山岩）

実例28

瀑布庭院

这是一个对庭院内瀑布和池塘景观进行改造的事例。原有的池塘因为渗漏问题全部拆除，并用混凝土做防水，然后重新建造瀑布和池塘景观。重新建造时使用的石料量与原先相同，打造出规模不大，但有分量的景观效果。在池塘面向住宅的一侧铺设的石滩景观，方便从室内观赏水景。

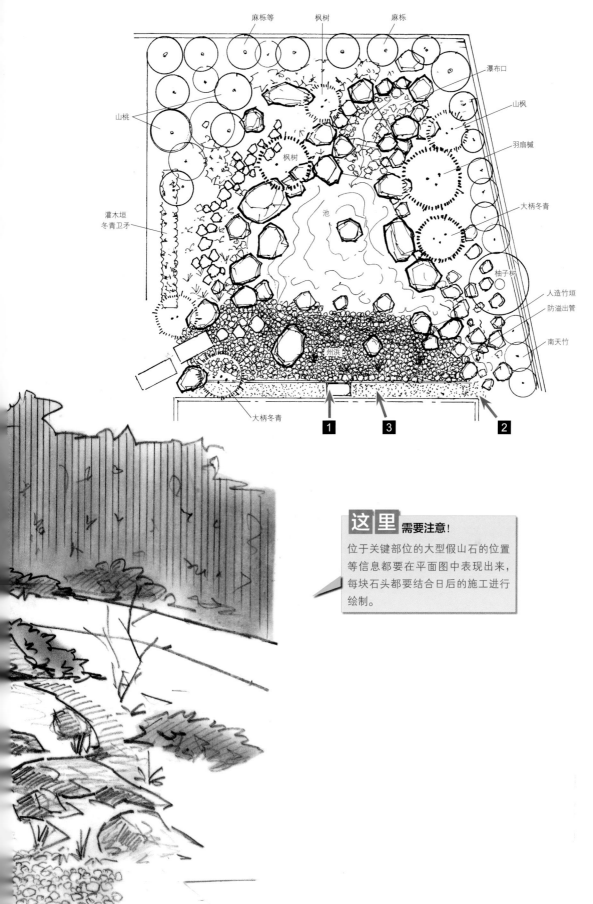

麻栎等　枫树　麻栎

山桃

灌木垣
冬青卫矛

大柄冬青

瀑布口

山枫

羽扇槭

大柄冬青

柚子树

人造竹垣
防溢出管

南天竹

枫树

池

州浜

1　**3**　**2**

这里 需要注意!

位于关键部位的大型假山石的位置
等信息都要在平面图中表现出来,
每块石头都要结合日后的施工进行
绘制。

设计要点

□ 场地规划
庭院周围原有的大型树木被保留下来，在庭院中央重新建造池塘，然后在池塘的最里侧修筑了瀑布。为了能在住宅内欣赏到水景，池塘朝向住宅一侧的岸边还铺设了石滩。

□ 步道规划
由于瀑布附近安装有过滤装置，所以铺设了碎石板路与其他区域连接，瀑布对面也铺设了踏脚石，以方便维护。

□ 设施规划
由于景观用水取自井水，所以无论如何都避免不了水藻的生长。因此在瀑布边安装了带有灭菌灯的大型过滤装置。

□ 绿化规划
在已有的枫树、槭树、大柄冬青、沙罗树的基础上，增种了榉木、映山红等灌木，以及石菖蒲、木贼、禾叶土麦冬等花草。

2 如果将池塘的防溢出口也制作成溪流的样式，就会为庭院增添一处新的景观。**3** 要注意的是建造池塘或溪流的时候，景观设计一定要以便于观赏为第一目的。特别是如果池塘中饲养了观赏鱼，就更需要将景观设计得便于欣赏了。如果仅仅是将石料随意堆砌在水面，就会破坏景观效果。

1 做好混凝土防水后，露出地面的混凝土边缘要用布景隐藏好。这种隐藏不是随便用石料盖上即可，而是通过巧妙的布置，让遮盖用的石料形成自然河滩的效果。

📄 **DATA**

竣工时间： 2007 年 7 月
设计·施工： 三桥庭院设计工作室
施工地点： 茨城县河内町
施工面积： 350 平方米
类　　型： 住宅庭院
主要植木： 白蜡树、大柄冬青、椴木、枫树、
　　　　　　石菖蒲、玉龙草、檀树、山荔等
主要石材： 鸟海石（安山岩）、伊势卵石

实例 29

改建的庭院

在改造住宅的同时，对庭院也进行了改建。大门的样式和步道的设计中，对原有假山石、植木、石灯类等布景的位置进行调整，改造成与新房风格相辅相成的庭院。庭院整体路线设计得简单明了。大门四周的步道还设计有兼具停车位的作用。

这 里 需要注意!

围墙上的碎石板之间缝隙较深，石板的大小也各不相同，绘制时候要把这些特征表现出来。与红砖墙的效果是完全不同的

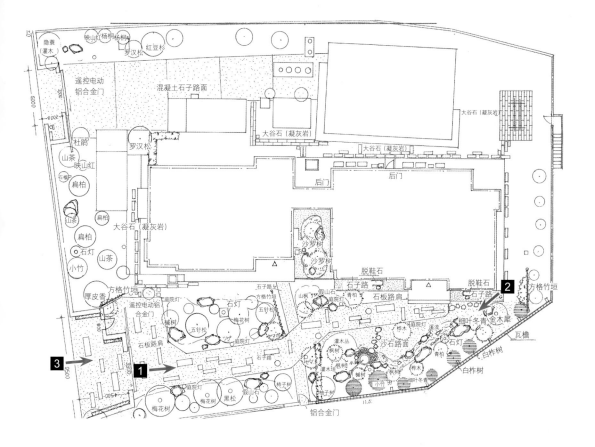

隐蔽灌木
映山红 杨 桐 杨 桐
罗汉松　红豆杉
遥控电动
铝合金门　　混凝土石子路面
大谷石 (凝灰岩)
杜鹃　　罗汉松
山茶　　　　　　　　大谷石 (凝灰岩)
映山红
石榴　扁柏
山茶
扁柏　大谷石 (凝灰岩)
石灯　山茶　　　　　　　　后门　　后门
小竹　　　　　　　　　　　　　　沙罗树
厚皮香　方格竹垣　　　　　沙罗树　　脱鞋石
遥控电动铝　　　　　　　　　　　脱鞋石
合金门　　庭院灯　　石子路　石板路肩　石子路
石板路肩　石灯　方格竹垣
五针松　山枫　假山石　庭院灯　细叶冬青金木犀
槭树　　　　庭院灯　　　　　　　　瓦檐
五针松　梅花树　　灌木丛　　　　石灯
庭院灯　　　　　槭树　青柏
灌木垣　槭树　桦木
柿子树　　小竹垣　细叶冬青　　白桦树
梅花树　黑松　　　冬青　　　白桦树
梅花树　假山石
铝合金门

设计要点

□ 场地规划

在住宅用地内（客户所拥有的涵盖庭院的所有土地），新建的住宅将庭院分割为前庭、中庭、旧住宅前、大门周边、侧庭、后门停车场等几个区域，景观设计要结合这些区域的不同特征来进行。

□ 步道规划

正门到住宅铺设有供人通行的步道，住户日常生活中经常用到的步道（后门停车场经过屋檐下、后门等各部分的步道）都要按照方便通行的要求进行设计。

□ 设施规划

停车场入口采用电动门，由于电动门全部开启需要若干秒的时间，因此要计算停车位到电动门之间的距离，以便车到门开。

□ 绿化规划

将原有植木拔除、移栽或进行修剪。新建住宅周围增种了沙罗树、山荔枝、枹栎等落叶树，以及映山红一类的灌木。

2 新建住宅前的枯山水庭院。夏天为了能让孩子在这里玩耍，这里要求平整宽阔。水钵附近安装了喷灌装置。庭院深处则是铺满草坪的土丘。**3** 正门两侧的围墙是使用丹波石板砌成的，与住宅遥相呼应，表现出厚重的氛围。正门要全部打开需要花上一些时间，所以停车位要设计得宽阔一些，便于车辆出入。

1 站在步道上向庭院深处望去的视角。设计较宽的步道是为了当访客较多的时候，能够作为停车位来使用。步道修建成中间有弯曲的样式，兼具划分庭院区域的作用。

📄 **DATA**

竣工时间：2009 年 3 月
设计·施工：三桥庭院设计工作室
施工单位：佐藤建设股份公司
施工地点：茨城县
施工面积：300 平方米
类　　型：住宅庭院
主要植木：金木犀、五针松、沙罗树、黄杨、
　　　　　映山红、罗汉松等
主要石材：群马产的石料、丹波石（安山岩）

实例 30

门前步道延伸到茶庭

　　进入大门内侧，风情豪迈的土丘、假山石和桂垣便会映入眼帘。丹波石与御影石组成的步道向左侧延伸，连接玄关和由阿弥陀垣（用竹条交叉编制而成的围栏）围成的茶庭。在进行茶道的时候，要先从玄关内侧的矮凳走到栅栏门处，然后通过由踏脚石组成的步道来到洗手盆前，最后从窝身门进入茶室内入座。

这里需要注意！

客户想把庭院的一部分强调成具有"让人期待的美景"，所以提交给客户的设计方案不能只是一种模式，有时需要通过精心设计在设计方案中加入些许创新元素。

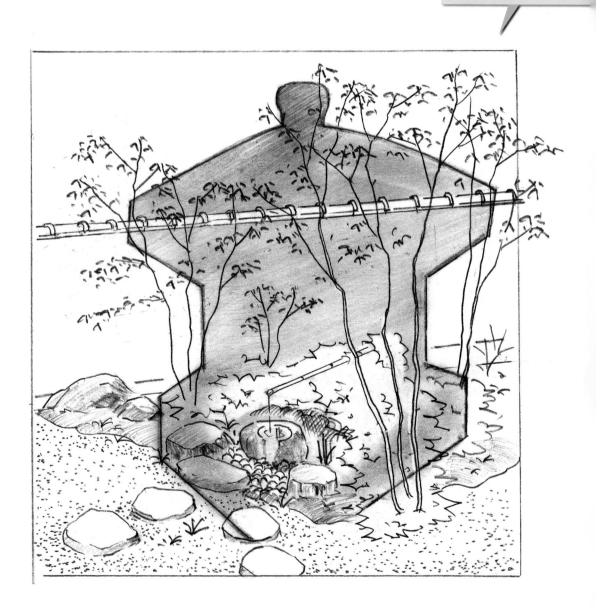

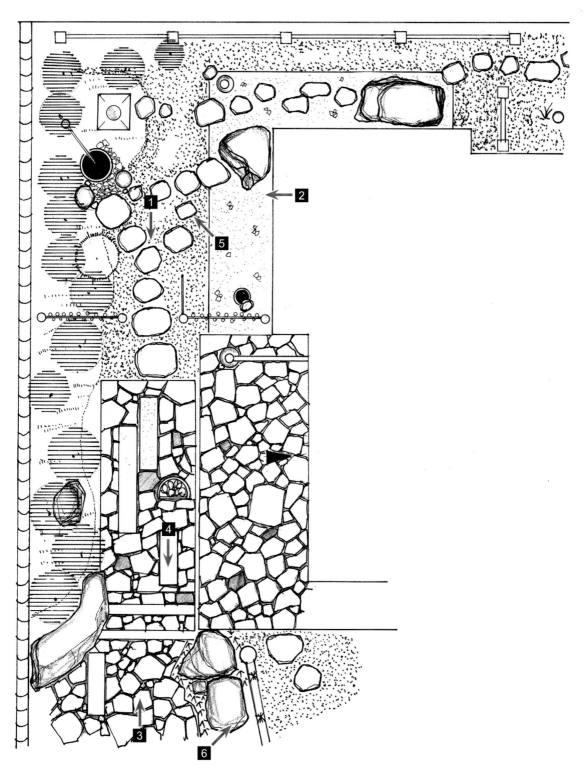

1 从茶室开始看到的依次是带有多级台阶的步道，正门前的土丘，最后是桂垣。玄关前种植了麻栎、杉树等常绿树。当院中个处景观叠加在一起时，就会出现让人意想不到的效果。

② 从茶室内部看到的洗手盆景观。原本是打算将窝身门半开后再拍摄照片的，但客户一时兴起，就将门完全打开，于是就能在水琴窟的滴水声中欣赏到茶庭的美景了。

3 从正门内向左看到的玄关周围的景观。远处栅栏门的另一侧就是
茶庭。底板的碎石板采用的是丹波石（安山岩）。景观格调十分高雅。

4

5

6

4 在玄关前回头看正门一侧的景观。能够看到充满传统气息的桂垣，从其后方的浴室向外看去就是一个有着乡土气息的庭院。茶室的造型也经过了精心设计。**5** 石柱被作为踏脚石之一。从茶室向外观看，可以看到形似大海的景观效果。**6** 精雕细琢的竹垣也是庭院中的一处美景。

设计要点

□ 场地规划

计划建造的景观包括正门到玄关之间的步道茶庭、玄关前的竹垣，以及竹垣后面浴室的庭院。住宅东侧是侧庭，西侧是车库，南侧则是带有小型瀑布流水景观的主庭。

□ 步道规划

洗手盆下面埋设有水琴窟，夜晚进行茶会或酒会的时候，就能欣赏到悠扬的响水声了。

□ 设施规划

从玄关开始经过屋檐下的步道连接主庭，同时玄关一侧的浴室庭院及后门也都计划用步道进行连接。西侧的车库到后门的步道采用曲线布局，同时还要考虑通行便利。

□ 绿化规划

根据庭院的布局来决定树木的种植位置及采用什么品种、多少高度的树木。计划栽种大量不同树种。

📄 DATA

竣工时间：1989 年 5 月
设计·施工：三桥庭院设计工作室
施工地点：千叶县千叶市
施工面积：550 平方米
类　　型：住宅庭院
主要植木：麻栎、白柞树、杉树、细叶冬青、槭树、山桃等
主要石材：丹波石（安山岩）、鸟海石（安山岩）

御帘垣与杂树的庭院

在改建住宅的同时，对入口的木门进行翻新，同时进行土间（以泥或三合土为地板的房间）的装修，然后对整体庭院进行改造。与邻居家之间的分界全部用方格竹垣进行划分，然后在竹垣下堆起的土埂上栽种灌木和花草。水钵是庭院中的重要景观。将房屋外的走廊加宽，以扩展其用途。力图达到从每个房间都能看到庭院中的不同景致。

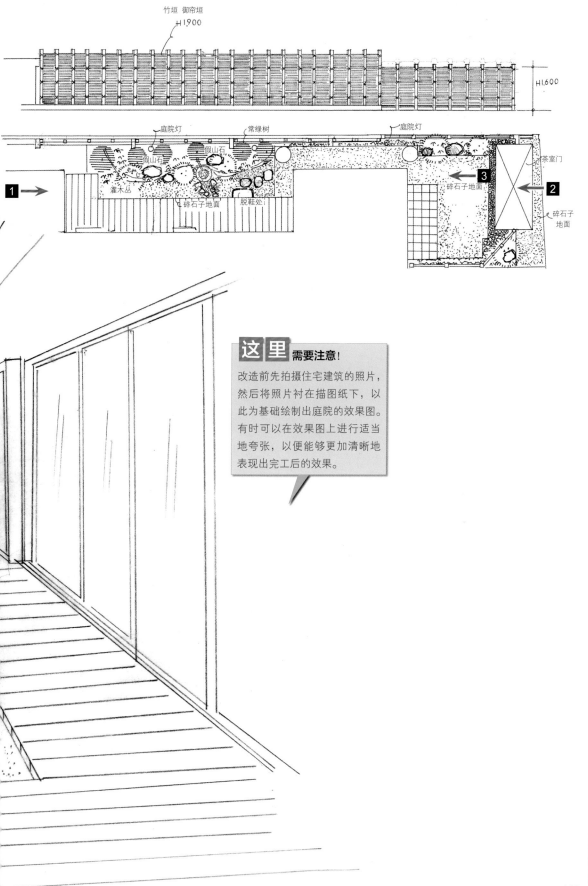

竹垣 御帘垣
H1,900

H1,600

庭院灯　常绿树　庭院灯

假山石　假山石

灌木丛

碎石子地面　脱鞋处

茶室门

碎石子地面

碎石子地面

这里需要注意!

改造前先拍摄住宅建筑的照片，然后将照片衬在描图纸下，以此为基础绘制出庭院的效果图。有时可以在效果图上进行适当地夸张，以便能够更加清晰地表现出完工后的效果。

设计要点

□ 场地规划
庭院的面积是固定的，其中 1/3 为宽走廊。计划走廊要兼具凉亭的功能，让客户便于享受庭院的风景。

□ 步道规划
要求步道从正门开始经过玄关，延伸到住宅侧面并通过庭院，最后通过踏脚石进入走廊中。设计上要注意使用时的便利性。

□ 设施规划
水钵的出水口通过阀门控制，以调节水流量。通过下方沿竹垣布设的照明装置进行间接照明。

□ 绿化规划
庭院深处种植白柞树，以避免隐私外泄。近处种植大柄冬青、枫树、槭树、三叶杜鹃、卫矛等植木。

2 从庭院深处向正门方向看的视角。房间内是看不到水钵的，走近走廊后才能发现水钵景观。当庭院比较狭窄时，可以果断将庭院一分为二，将其中一半打造成楼廊，铺上木地板，不仅扩展了用途，还能提高景观效果。

2 经过翻新处理的正门，显露出原有的亮丽。正门到玄关前的步道，是原有的混凝土石子路，带有和风的氛围。**3** 房屋后的小路和竹垣与庭院其他部分保持统一，让庭院景观表现出令人期待的氛围。

📄 **DATA**

竣工时间：2013 年 6 月
设计·施工：三桥庭院设计工作室
施工地点：千叶县松户市
施工面积：140 平方米

类　　型：住宅庭院
主要植木：大柄冬青、枫树、杜鹃、白柞树、槭树等
主要石材：鸟海石（安山岩）、樱川沙砾（红色的沙石）、
　　　　　伊势沙砾

山路蜿蜒的庭院

主房屋、新建房屋、车库、正门都已经建造完成，在住宅用地内还留有松树、山茶、细叶冬青等大型树木。通往玄关的步道有一定的落差。根据客户的意向，将庭院内打造成山路景观，起居室前的庭院修整清爽，并在此修建一个小池塘。

这里 需要注意!

对假山石、树木等景物刻画要适当。使用马克笔、色铅笔等各种颜料为效果图上色的话，可以有效地烘托出庭院的氛围，让效果图更具说服力。

1 用枹栎、槭树及各式各样的花草装扮起来的步道。石板路面采用丹波河中的流石（在流水中沉积而成的石料，品质优良）。沿着步道向左转可以看到柚木灯笼，让整体景观显得稳重雅致。

2 从池塘边向步道一侧看的视角。岸边石和周围的草丛布景都按照自然的样式来布置，池塘岸边并没有布满假山石，一部分还制作成河滩的样式，方便从房屋内欣赏水景和观赏鱼。

3 在起居室中可以看到庭院中的池塘及左侧小瀑布组成的水景。水边假山石的布置需要一些感性。

4 从步道向正门看去的视角。在建造庭院的时候，人们总是想着如何塑造前方的景观，这时也不要忘记处理回首时看到的身后的布景样式。

5 背景中使用的方格围墙修饰成日式传统风格。为了与占据景观大半部分的石板路相平衡，路边还布置有劝修寺型石灯。

设计要点

☐ 场地规划

步道占据了庭院的一半空间，可以说步道已经成为了景观的主体。旧住宅前的庭院中布置了小瀑布和池塘，新住宅前的石板路让整个庭院充满全景画一般的效果。通过树木的布置，让玄关前的景观好似身处林中。

☐ 步道规划

池塘的水循环系统，树木的照明装置，让庭院散发出幽静雅致的气氛。

☐ 设施规划

步道穿过树林，经过玄关前延伸到侧庭。向步道的另一端走去，就可以在起居室前欣赏到池塘景观了。

☐ 绿化规划

为了和原有的大型树木搭配布景，绿化树种多使用沙罗树、山荔枝、槭树、枹栎、堪氏杜鹃花等。

📄 DATA

竣工时间：1996 年 5 月
设计·施工：三桥庭院设计工作室
施工地点：千叶县成田市
施工面积：500 平方米
类　　型：住宅庭院
主要植木：枫树、枹栎、沙罗树、映山红、槭树、山荔枝等
主要石材：鸟海石（安山岩）、丹波石（安山岩）、群马产的石料

实例 33

巍峨的假山石的庭院

庭院设计界有句话叫"狭小的空间里反而要采用大型布景"。当你站在一个狭小空间中时，看到眼前巨大的假山石布景，会立刻感到一种心潮澎湃的感觉。在石料的产地，根据设计样式，寻找尺寸、形态、质感都符合要求的石料。将形状各异的石料组合在一起，使其表现巍峨壮丽的气势。

卷帘门

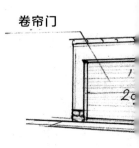

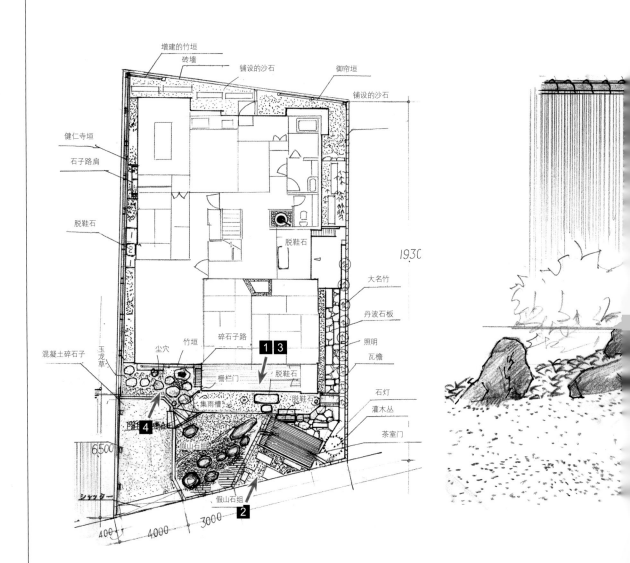

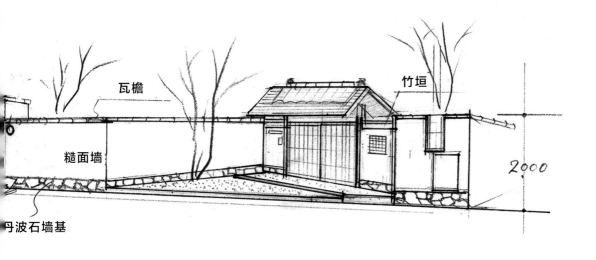

瓦檐

竹垣

糙面墙

丹波石墙基

2000

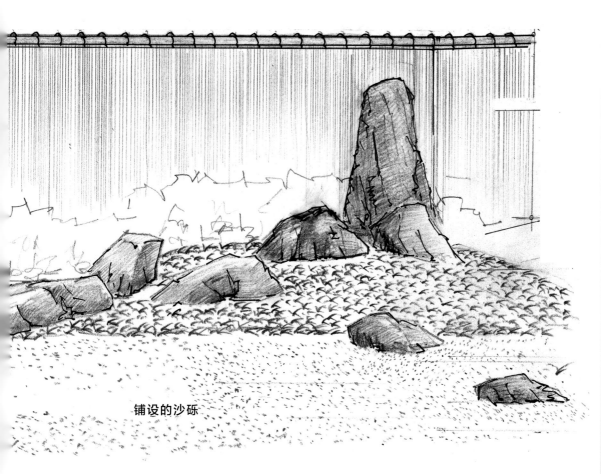

铺设的沙砾

1 庭院的地面比屋檐下的地面低 70cm 左右，这张照片是站在建筑物的台阶上向下拍摄的。每一块石料的造型都经过设计，被布置在相应的位置上，景观效果自然生动。主假山石的顶端比围墙还要高出一些，强调其巨大的身姿。

设计要点

□ **场地规划**

不刻意区分日常生活用的区域和庭院区域，通过合理布置让两者融为一体，是这次设计中的要点。

□ **步道规划**

从正门经过步道来到玄关前的台阶，登上台阶后是屋檐下的走廊，走廊延伸到车库后面，经过水体景观，到达茶室前的窝身门，全程都是十分狭窄的道路。

□ **设施规划**

车库后设有洗手盆，即使在狭小的空间内，这样的布景也能让塑造出大气的景观。

□ **绿化规划**

结合假山石的造型，选择扁柏、蕨类等植物进行搭配。

3

4

3 从室内看门廊外的视角。除了 7 组造型各异的假山石外，将正门与庭院划分开的围墙外还有 2 组假山石，一共有 9 组假山石。**4** 照片中是车库后面的空地。布置了水钵、竹垣、鞍马产的石料作为踏脚石。远处的门里还可以看到柚木灯笼。

2

2 从正门向玄关方向看的视角。日常的活动路线就是庭院中的步道，车库与正门之间的空间就是庭院的范围。围墙内侧造型出色的假山石造就了令人意想不到的景观。

📄 DATA

竣工时间：1993 年 5 月　　　　**类　　型**：住宅庭院
设计·施工：三桥庭院设计工作室　**主要植木**：蕨类植物、大名竹、玉龙草、扁柏、槭树
施工地点：千叶县千叶市　　　　**主要石材**：群马产的石料、丹波石、伊势沙石
施工面积：170 平方米

CASE 33

实例 **34**

象征性的庭院

　　客户要求建造一个维护简单、风格稍微独特一些的庭院，于是我们提出使用六方石作为主体景观的枯山水设计方案。在一马平川的场地中很难创作出有特色的景观，所以先堆砌土丘，然后将主假山石组布置在上面，随后在周围搭配与之呼应的布景。利用巧妙的布置，让六方石独有的锐利棱角表现出一系列生动的景观效果。

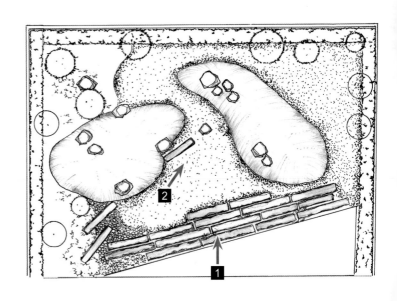

1 为了让石材的表现柔和一些，在土丘上覆盖草坪。土丘与土丘之间则铺设沙砾，制造出枯山水的景观。近处的石材是拆除房屋时得到的地基石，这些地基石经过人工平整过后，表面也是独有一番风趣。石板地面与假山石各有风格，两者搭配韵味十足。**2** 从假山石组的侧面观看的视角。土丘的形状会根据视角的不同而变化。

设计要点

□ 场地规划

在平地上堆砌出土丘，布置上枯瀑布和醒目的假山石，并用沙砾组成枯山水，然后用靠近步道的石板作为枯山水的终端。背景部分的灌木垣则将整体庭院构成一体。

□ 步道规划

除了假山石使用了石材外，步道也使用了石材。土丘后面的步道采用沙砾铺路。

□ 设施规划

在枯山水的下游部分，用灰浆建造排水槽。夜晚通过灯光的照明，让假山石变成醒目的景观。

□ 绿化规划

灌木垣采用的是光叶石楠，并种植了山荔枝、桦木等落叶树。

📋 **DATA**

竣工时间：1996 年 6 月
设计·施工：三桥庭院设计工作室
施工地点：千叶县千叶市
施工面积：200 平方米
类　　型：住宅庭院
主要植木：蕨类、桦木、禾叶土麦冬、山荔枝、光叶石楠等
主要石材：六方石、白河石（安山岩）、伊势沙砾

CASE34

图纸画廊 **1**

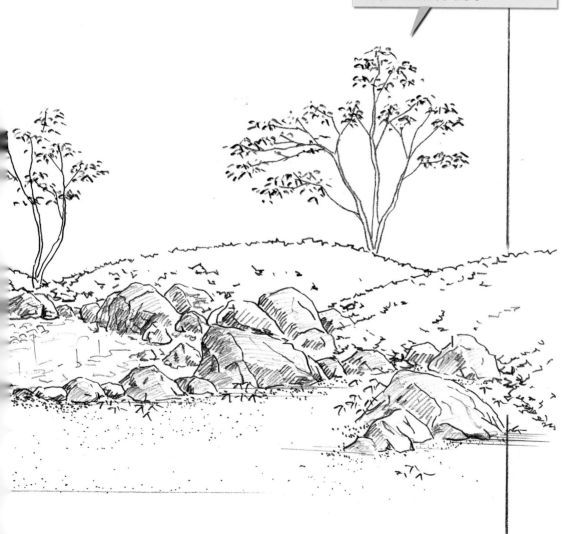

图纸画廊 2

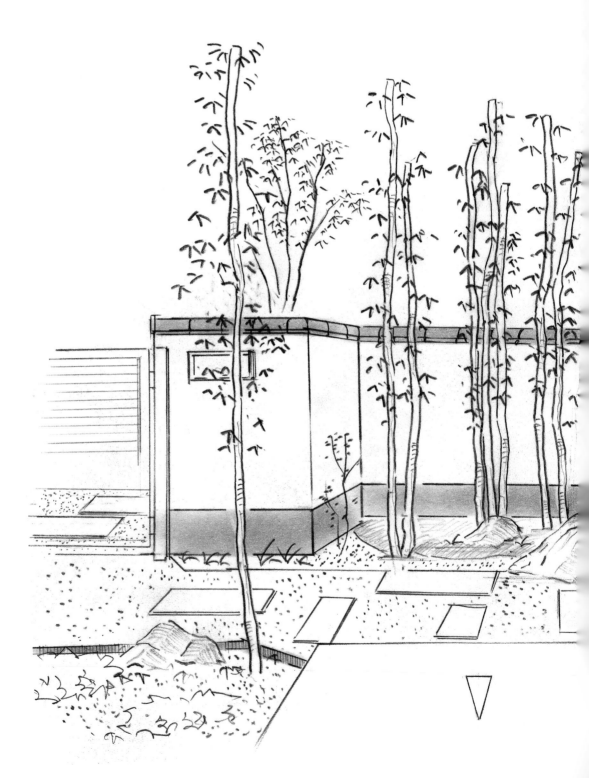

要让布景密集位置的上方空间也不会出现松散的状况，就需要使用长势挺拔的树木来装饰。大明竹、业平竹、冬青树、修剪过的樫树来塑造。这类植木的搭配重点是要注意相互之间的高低落差、种植的密度，以表现出层次感。

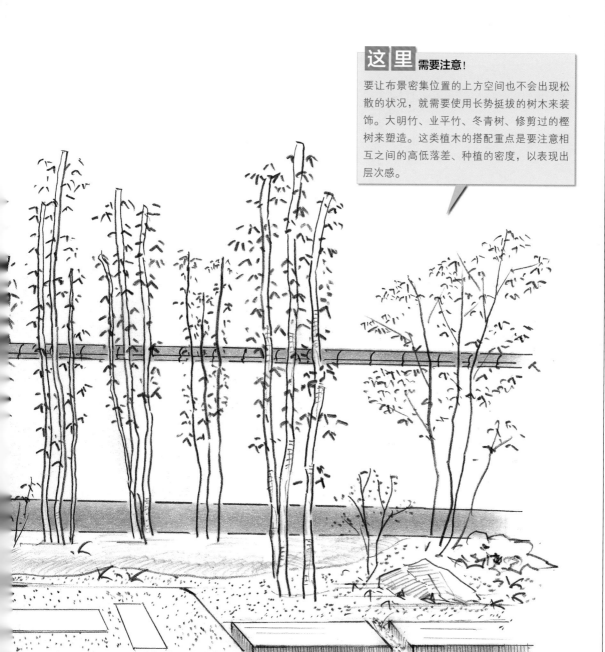

这里需要注意！

用于与客户商讨的图纸，可以对画面中的特定部分进行强调，给客户展现以庭院景观为主的效果。如果在图中标记出各处的注意事项及活动路线等提示，对于保证施工的准确性也很有帮助。

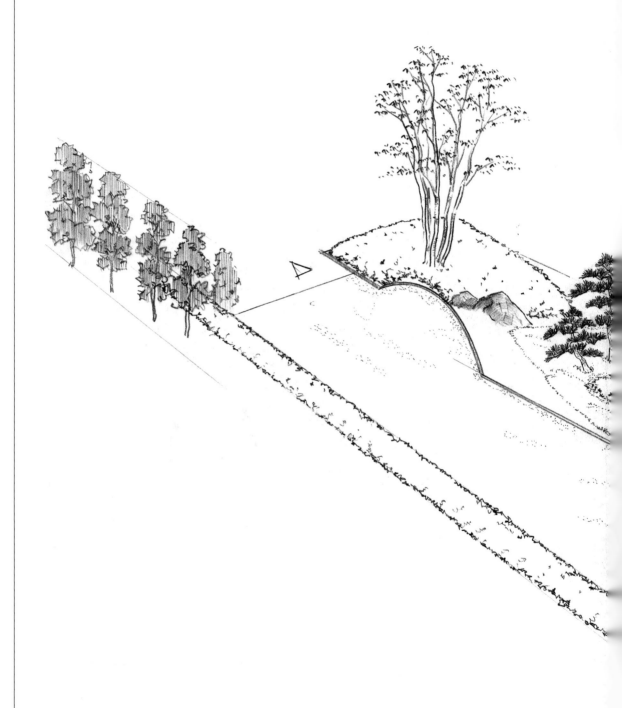

这里 需要注意!

将周围的建筑物省略掉，以鸟瞰的视角来表现庭院的步道。这张效果图的重点是松树的布局效果。在植木数量很多的时候，无需将所有的植木都表现在画面中，只需绘制出代表性的部分即可。

图纸画廊 5

这里需要注意!

本书所介绍的图纸全部都是上色以后才被用于为客户展示说明的,所以不需要将画面刻画得过于精细。在这幅效果图中,溪流中的假山石、水草、水波等都是通过上色来表现的,处理方法很简单。

这里需要注意!

庭院的地面都铺上了石板，并布置了石灯和水钵等景观。低矮的石灯让庭院的整体布景十分协调。松树是邻居家的，作为背景也被绘制到这幅效果图中。

图纸画廊 **7**

这里 需要注意！

原本没有打算布置瀑布等景观，但这座庭院中已经建造有石塔。如果石塔能布置在更右侧一些的地方就理想了。实际上塔身的一半被树木遮挡，所以绘制的时候不用勾勒出这个塔。

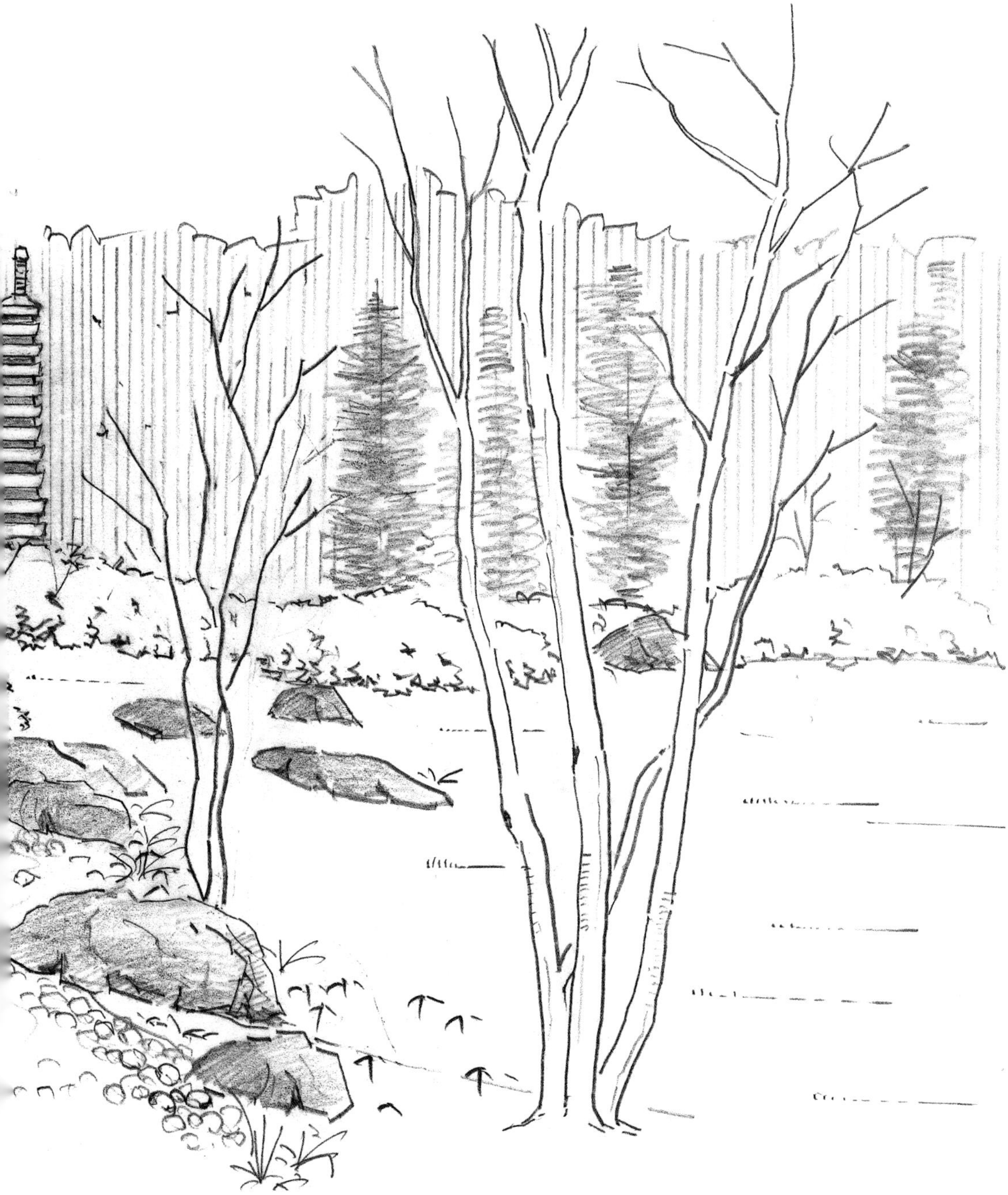

7

图纸画廊 **8**

这里 需要注意!

从住宅内看阳台景观的视角。
在这幅透视图里，铺满地面的
瓷砖显得过于单调，于是在阳
台的一段布置了带有一定肌理
的假山石，让效果更加协调。
两边较高的树木让画面效果更
具层次感。

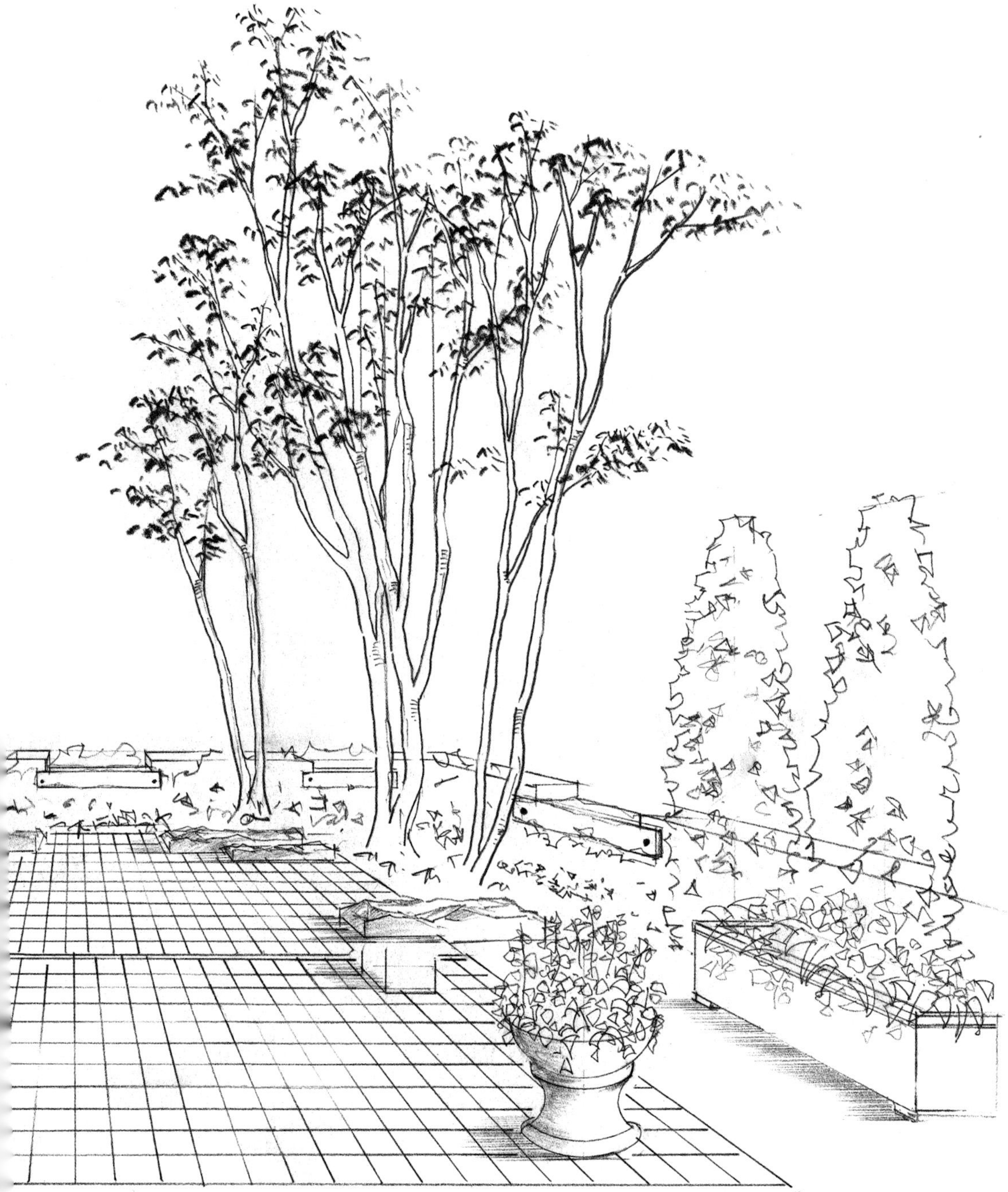

低预算也能建造出效果理想的庭院

当接到客户的订单，却被告知预算不足的时候，那么如何控制成本呢？在讨论建造方法之前，最重要的应该是了解客户的具体期望，并通过各种图纸来核实客户的期望。然后为了实际建造，需要考虑用什么样的材料。尽量将已有的材料融入到设计方案中，计划好工作的步骤顺序，力求从每一个步骤中都能节省出预算。将创意和设计放在第一位，然后再考虑所用的材料，这样就能以较少的预算，打造出简约、清爽、雅致的庭院景观。

第4章 日本景观设计专业用语

GLOSSARY

日本景观设计专业用语

a

弓形（arch）

将木材或金属材料弯曲成弓形的梁，用于修建窗户、大门、屋门、桥梁等布景。还可以在这些布景周围栽种地锦类植物，起到提高景观效果的作用。

RC 结构（reinforced concrete）

钢筋混凝土结构。将耐压缩不耐拉伸的混凝土，与耐拉伸的钢筋结合在一起，可以大幅提高建筑的强度。

标志性景物（eye stop）

吸引人注意的布景。除了日本庭院中的石塔、石灯笼以外，步道两边种植的树木等都能起到这个作用。

搭配性

石料与石料相连的部分叫接合口。而不同石料搭配出的效果是好还是不好，这就叫搭配性。

青石

蓝绿色石材的总称。阿波青石（德岛县）、伊予青石（爱媛县）、秩父青石（埼玉县）等都是常被用作庭院布景的石材。

庵治石

日本香川县产的一种石头。

足下垣

竹垣（竹篱笆）的一种。是较低矮的垣的统称，主要起隔断和装饰的作用。

东屋（亭子）

用柱子和屋顶搭建的供人休息的小屋。有四角、六角、八角等形式。一般建造在主庭中，供人在其中眺望庭院内的景观。

编干垣

将渔网的网纹应用在竹垣样式的设计中。竖杆部分像健仁寺垣那样有贴符面，横框则倾斜安装。

石子地面

在平整的灰浆墙壁或混凝土地面上，趁着材料还没有硬化，在表面洒水后，将沙砾石子等材料洒在上面。

新木

从野外采集，不经过加工的树木。

荒波纹

沙纹的一种。在地面覆盖沙子以后，在沙子上以一定间隔处理出较强的线条。

霰石

小卵石。有时也指很小的踏脚石。

霰崩

用于霰石的天然石的一种。在霰石中混合近大颗的卵石，铺设在地面后呈现出不规则的粗犷效果。

霰零

用于霰石的天然石的一种。将石料整齐地拼接铺装，让景观效果井然有序，是庭院布景设计中常用的方式。

暗渠

埋设在地下的排水管路。

i

英式庭院

在庭院中打造出自然景观，是英国传统风格的庭院。设计中更多地使用曲线、起伏等要素。

灌木垣

将树木、竹子密集排列种植，形成的围墙。通常选用钝齿冬青、乌岗栎、冬青卫矛等速生、常绿的树种。

埋入式灯笼

没有特定的形式，将立柱直接埋入地面的灯笼。多用于为水钵照明。

石垣

用石料垒砌的围墙。

石阶

用石料建造的台阶，可以用天然石料或加工石料。

石砌墙

使用天然石料垒砌而成的墙体，有平整砌法、非平整砌法、不规则砌法等若干样式。

石灯笼

用石材制造的灯笼。自下而上各部分结构分别是：基座、立柱、中间台（托住火袋的部分）、火袋（放置光源的空间）、伞顶、请花、宝珠。

板石

板状石材，用于铺设地面或砌墙。也有利用较薄的天然石材，经过一定的加工作为板石来使用的。

板垣

用木板建造的围墙。

板目

木纹的一种，是木材表面不规则的纹理。

意式庭院

在丘陵地形上修建壁挂喷泉、阶梯式瀑布、喷泉、花坛等，采用对称布局的庭院景观。

市松纹

沙纹的一种。在沙地上用两种矩形相互组合出的图案。

犬走

建筑物楼廊的俗称。原本是指建筑用地、围墙之间设置的通路。也有路肩的意思。

忌木

指那些会带来厄运的不吉祥的植物。比如有毒、有刺、花朵下垂掉落的品种。

芋继

垒砌石墙或砖墙时，按照直线排列，使材料之间的缝隙成直线的建造方式。

色石

并不是特指茶色的石料，而是蓝色、红色、紫色等石材的统称。

石组

假山石组。将两个以上的石料组合在一起，是日式庭院中具有代表性的布景元素。

u

植栽

以阻挡视线为目的，密集种植的植木，也指种植作业。

植栽框

为种植花草等植物，利用护坡石、红砖等围出的区域。

请花

石灯笼的宝珠或中间台下，像莲花座一样的部分。

混凝土地面

用抹平的混凝土直接当地面，用于步道、犬走（路肩）、车库等设施的地面。

内露地

茶庭的内院部分，是茶室的庭院。进入前要先在水体处洗手。

马目地

是指红砖墙、灰砖墙、贴有瓷砖的墙，墙面上整齐的接缝。也称为马乘目地或破碎目地。

海

洗手盆的排水装置。

里入

建造石垣或石砌墙时，在墙体内侧填充的沙石混凝土，提高其结构强度。

里庭

在建筑物后侧建造的庭院，也指内侧的空间。

上端

石垣、篱笆等围垣最上端的部分，也叫作天端。

e

外观

原本是指建筑物的外侧、外观。在景观设计界又指正门、围垣、步道等景观设施。

除蘗

对植木上过粗的树枝和根系进行修剪的工程，大都在移栽的时候进行。

疏剪

将生长过密的枝条剪掉，修整树形，去掉枯枝。

弯枝

改变树枝弯曲方向，让树形发生改变。可以用"好的弯枝或不好的弯枝"来描述。

吉祥树

在庭院中种植象征美好、幸运的树木。比如树龄较长的松树、竹子、梅花树等，常见的还有橡树、南天竹、朱砂根等。

透视法

在纵深较小的庭院中，将较小的景观布置在庭院深处，而近处则布置低矮的景观，可以营造出纵深较大的视觉效果。

缘石

形状规整的道边石，多为混凝土制成，也叫耳石。

圆窗

在石灯笼火袋上的圆形开孔。

园路

庭院、公园内道路的统称。是园艺设计主题的代表元素，也是景观设计的重要景观之一。

o

大平剪

用园艺大剪将树木修剪成指定的造型。同时还有大波浪剪、泪珠剪、层级剪、山形剪等修剪方式。

大疏剪

将过粗的树枝从根部剪掉，对树枝进行大幅度修剪。

大飞

大块的踏脚石，也指其布置方式。

大曲

将踏脚石沿着大而缓的弧线布置后的样子。主要用在空间宽阔的庭院中。

落地灯笼

没有基座和立柱，只有中间台以上部分的小灯笼。有岬形、三光形等。

内庭

位于主庭深处的庭院。如果是在拥有多个庭院的大宅院中，位于内侧的庭院也被叫作里庭。

押缘

用于固定竹垣的纵梁、横条的竹竿或竹片。

落石

茶庭的窝身门前布置的踏脚石。在窝身门下安防的踏脚石要按照大小的次序布置。

亲柱

支撑竹垣的粗柱子。多固定在竹垣的两端。押缘也安装到这个柱子位置，因此这个柱子也被叫作留柱。

织部灯笼

石灯笼的代表，因为受到江户时代茶道家古田织部的喜爱，所以被称作织部灯笼。四角形的灯笼被安置于立柱上方，伞顶翘起、宝珠则接近筒形。

ka

开渠

没有盖子的排水沟，让雨水能够直接流入排水沟中。

外构

大门、垣、围墙的统称。

垣

围绕建筑用地（指客户所拥有的土地）建造的围墙的统称，有石垣、板垣、竹垣等。

糙面

用灰浆平整墙面后，趁着还没有完全硬化，使用工具在其表面进行雕琢的方法。

导水管

将水引入水体中的竹制或木质水管。

花岗岩

岩浆冷却后形成的火成岩的一种。在日本各地都有分布，通常被叫作御影石，这种石料坚固而美观。

伞顶

石灯笼顶部的盖子。

春日灯笼

六角形灯笼的统称，火袋上雕刻鹿的图案是其主要特征。

阶梯形瀑布（cascade）

让水流顺着阶梯留下的瀑布景观，也被叫作水台阶。是意式庭院的代表景观。

桂垣

竹穗垣的一种。中心是用竹子的穗枝编织而成，然后用细枝条横向穿过进行固定。表面用剖开的竹竿做纵向的押缘（从顶端进行固定的条状部件），而押缘的顶端则切削成向内侧倾斜的斜面。

鹿沼土

栃木县鹿沼市出产的一种酸性土壤，通气性和保水性都很优秀，多用于土壤改良工程。

株立

从一株植物的根部长出若干新枝干的现象，也叫武者立。

空砌

在搭建石墙的时候，不用灰浆填满石料之间的缝隙，而是用沙石填充缝隙，利用石材与石材之间的"咬合"来稳固结构。

雁形布局

踏脚石的一种布置方法。用 3 块以上的石材，模仿大雁飞行时的队列进行布置。

枯山水庭院

不使用水，利用沙和石模仿瀑布、溪流、池塘等景观设计样式。

枯山水

不使用水，利用白色的沙石在地面上铺设成溪流的样子，是枯山水庭院中常用到的一种景观。

河石

在河流的下游产出的石料，表面圆润光滑是其最大特征。

ki

木里

对于树木来说，就是树形看起来不够美观的一面。

木表

对于树木来说，就是树形看起来足够美观的一面。

主枝

对树形起到最关键作用的树枝。

气势

石材的姿态、气势，可以用"姿态优秀"或"带有气势"来概括。

基座

支撑景观器具的底座，也是石灯笼最下方部件的名称。

龟甲石

切割成龟甲型的石板，用于铺设地面。

贵人石

茶庭中布置在座席的上座位置前的踏脚石，这块石料比其他座席前的踏脚石要更大更高一些，也被称作正客石。

树肌

就是树皮。其表面的纹理可以用"好"或"不好"来描述。

基本计划

对施工计划的基本事项和设计构思整理在一起。

客石

在茶庭中，布置在中门外的踏脚石。用于和坐在上座的主人进行交流的踏脚石，比其他踏脚石更大更高。

客土

由其他地方运来，用于土壤改良或翻修排水设施用的土壤。

切石

被加工成横平竖直的状态的石料。

切石板

将石材加工成板状后的统称，有龟甲石、纵纹石、横纹石。

切石砌墙

以长方形石板砌成的墙体。

金阁寺垣

竹垣的一种。不使用中间加固用的横梁，在主柱和间柱之间用竹竿作为纵梁，以一定间隔进行装配，在其上下用剖开的粗竹竿作为押缘（从顶端进行固定的条状部件）。

银阁寺垣

健仁寺垣的低矮版本，有两层押缘（从顶端进行固定的条状部件）。原本是安装在石垣上的。

ku

鞍马石

京都府鞍马出产的铁锈色花岗岩。其锈色接近黑色，带有洋葱状的纹理。

小门

需要弯腰才能进入的推拉门的统称，也指茶室的窝身门。

天然石砌墙

用天然石材垒砌的墙体，即将大小不一的石材砌合在一起，使其固定。这种方法建造墙体带有不规则的美感。

脱鞋石

玄关或清扫窗，以及檐廊外布置的平整且面积大的石料。是进入建筑物时用于脱鞋的地方。

组子

水平或倾斜固定在竹垣表面的部件。

栗石

如栗子般大小，形状圆滑的石料。

黑文字垣

木垣的一种。使用大叶钓樟的枝条制作而成（在日语中大叶钓樟叫作黑文字，故得此名）。

群植

将多株植物或树木栽种到一起的种植方式。

ke

踏步高

只有一级的台阶。如果是用于室外的台阶，标准的尺寸在 150~200 毫米之间。

假山石

作为布景的石材的统称。

踢板

每一级台阶之间的竖板。也指和式房间门口向前布置的竖板。

装饰沙砾

铺设在地面用于装饰的沙砾。

装饰纹

在各类墙体上，为了让石板、石块、红砖相互之间形成的缝隙更加美观，所进行的装饰方法。与家庭装修中的勾缝同理。

玄昌石

泥板岩的一种，由泥岩和页岩堆积而成。由于可以加工成很薄的状态，因此一般都是加工成石板使用。

间知石

上下两面一大一小，剖面为四边形的锥形石材。主要用于建造石垣。

健仁寺垣

竹垣的一种。主柱之间设有多段胴缘（横梁），并以竹片作为纵梁，固定住胴缘（横梁）并与押缘（从顶端进行固定的条状部件）相连。

ko

光悦垣

竹垣的一种。只在竹垣的一头设置了主柱，用细竹条组合成方格状，然后在其上部安装较粗的玉缘（剖面为圆形的横梁）。在没有主柱的一侧，玉缘会逐渐弯曲降低，直至插入地面。

甲州鞍马石

花岗岩的一种。因为含铁量较高，表面颜色就变成了深茶色。作为踏脚石和脱鞋石用。

大型树木

树干高达到 3 米以上的树种。一般指乔木。

阔叶树

叶片呈椭圆形、圆形、心形、卵形等，叶面宽大平坦的树种。类似枫叶这样带分叉的叶子也算阔叶类。

条凳

布置在茶庭里，供主人和客人休息的场所。如果是内外双层院，则会布置在外院。

糙面处理

处理水泥或石材表面的一种方法。使用工具将地面或墙面雕琢成带有细密坑洼的表面。

小端

石材、砖块的侧面或截面，也称作小口、小面。

小端砌

将厚度各异的大小石板垒砌成墙，并使其侧面露在墙面的建筑方式。可以在墙面上形成很深的接缝。

围棋地板

石板地面的一种，将正方形石板像围棋盘上的格子一样排列起来。

小松石

安山岩的一种，主要出产于神奈川县足柄下郡附近。蓝色的小松石有很高的硬度，是一种高级石材。

卵石

一般指直径 5~15 厘米的卵石。主要用于铺设石子地面。伊势卵石和甲州卵石最为有名。

斜面

建造成带有斜面的石垣、墙壁、柱子等设施，也指这些设施的倾斜度。

混植

将若干不同品种的植物混栽在一起。

种植箱（container）

用于栽种植物的大型箱式容器，也指花盆。

模板（concrete panel）

混凝土模板的简称。

sa

碎石

将岩石或大块的卵石用机器打碎，制成人工沙砾的统称。

立柱

石灯笼的支柱部分。一般为圆柱形，分为上节、中节、下节。

作庭

建造庭院。

樱川沙

日本关东地区的代表性沙石。产自茨城县樱川中游地区，为深茶色。

涟纹

沙纹的一种。在铺满沙石的地面上，描绘出细波纹似的曲线。

锈

酸蚀后的石材表面色，是独特的天然色彩。

锈沙砾

茶色的沙砾。

泽石

河流上游地区产出的石料。这种石料带有一定的棱角，不如河石那样圆润。常用于建造假山石景观。

三四连

布置踏脚石的一种方式，也就是三块连在一起或四块连在一起的布置方式。

三石组

将三块天然石材组合布置的景观。

三尊石组

在景观中央布置最高的石材，两边布置较低的石材。

三合土

即水泥地，大门、厨房、浴室等铺有水泥的地面。

si

勾缝

对石墙、瓷砖、砖墙等墙面接缝进行美化处理。

石板地面

用石板铺设的地面、步道等设施，有切石板、天然石板、碎石板之分。

天然石地面

直接用天然的石材铺设地面。

自然风景庭院

按照自然风景的样式建造庭院的景观。

杂草

在树木下种植的草本植物或低矮灌木。常见的品种有大吴风草、禾叶土麦冬、紫萼、玉龙草、维氏熊竹等。

造型植物

在人工修剪后，有特殊造型的植物。如果是自然生长成的造型就是自然造型植物，人工修剪后的就是人工造型植物。

七五三石组

假山石的一种搭配样式。由15块石料组成，按照象征吉祥寓意的"7、5、3"数字进行分组布置。

柴垣

竹垣的一种，用树枝等木质材料做总梁，然后用同样的树枝进行固定。

芝山

布满草皮的假山石。

清水垣

竹垣的一种。纵梁用细竹竿，但不用胴缘（横梁），只用押缘将正反两面固定在一起的结构。

借景

即设计时将庭院外的山、建筑物等景观考虑到庭院布景课中。

遮蔽垣

在庭院中阻隔对向视线的竹垣的统称。

沙纹

在沙地上勾画出的图案。使用专门的工具在沙地上进行勾画。有荒波（波涛）纹、市松纹、涟纹等形式。

沙砾

岩石被风化后形成的小颗粒。根据采掘地点的不同，分为河沙砾、山沙砾、海沙砾等。

斜立石

倾斜竖立的石材的统称。

主景

位于庭院中心的主体景观。

树形

树木的外观。

树高

树木的高度，计算范围是从地面到树木顶端。

树势

树木的长势。可以用"长势强"或"长势弱"来描述。

主石

在庭院中所布置的假山石中，最为核心的部分。

主庭

在建筑用地中心建造的庭院。多位于住宅的接待间、客厅、起居室的前面。

主木

作为主体景观的树木。多用树形美丽高大的树木。

小铺石

使用破碎成小块的花岗岩铺设的路面。石材不经过任何修饰，基本就是立方体的样式。主要用于步道的铺装。

常绿树

一年四季都能保持生长绿叶的树种。由于树叶不会枯萎，所以多被当作吉祥树。

植栽

人工种植的花草树木。

四连石

踏脚石的一种布置方式，一般将四块石料连续布置在一起。

真行草

日本庭院的表现方式之一。"真"代表正统规矩，"草"代表简约自由，"行"则是位于两者之间的风格。主要是指石板路面的铺设样式。

针叶树

树叶细而尖的树种，如松树、杉树、扁柏等。

su

水琴窟

手水钵、洗手盆中的水，在其流出位置下方的地面中埋入的瓶状容器。作用是使水流发出令人愉悦的滴水声。

水盘

盛水容器的统称，也是日本庭院中手水钵的别称。

末口

指的是圆木或竹竿等材料上与根部相反的一端。

镂空垣

能够通过围垣看到对面的围垣的统称，具有代表性的有金阁寺垣、光悦垣、矢来垣、方格垣。

杉皮垣

竹垣的一种。在主柱和间柱之间设置椽子，然后蒙上杉树皮制成。

数寄屋

用于茶道活动的建筑物的统称。其建筑样式取决于住宅的建筑样式。

敷设沙砾

在地面上铺满细沙或小石子的布景方式，主要用于枯山水景观中。

角石

布置在石墙或石板地面拐角处的石料，比其他部分的石料要略微大一些。

稳定性

指石材等材料的稳定性。可以用"稳定性高"或"稳定性低"来描述。

se

青海波纹

沙纹的一种。在铺设的沙砾上刻画出半圆形的鱼鳞图案，象征着吉祥如意。

整形式庭院

以直线或圆弧等几何图案为基础的庭院样式。一般认为采用这种样式的都是意式或法式风格的庭院。

整形石砖

将天然石材加工成一定形状的石材。如果是用于铺设地面，则叫作整形石板。

整姿

对树木外观进行调整。

整层砌

石砌墙的一种。这种墙壁上石材之间的接缝几乎都是水平的。

整层乱砌

石砌墙的一种。墙壁上石材之间的接缝呈现不规则状态。

石庭

以假山石为主要景观的枯山水庭院。

施工管理

在施工期间，对材料、人员、方法、经费等进行规划、管理的工作。

前庭

从正门到玄关之间，以步道为主体的庭院，也叫作通道。

so

草庵

茶室的一种样式。以草苫做屋檐的小房间。

杂木

景观设计中对自然界广泛分布的阔叶树的统称，如枹栎、桦木、槭树等。

草本

指一年生草本植物。

添石

配合主体假山石进行布置的石材。

侧庭

位于建筑物侧面庭院的统称。

测量

对建筑用地的面积、形状、高低落差进行勘测的工作。

袖垣

建筑物侧面布置的短小的垣。作用是起到遮挡访客视线（以保护隐私），也是布景的一部分。

外院

一些茶庭被围垣分为内外两部分，座席所处的内层叫内院（内露地），外侧的部分就是外院（外露地）。

ta

大德寺垣

竹穗垣的一种。其各部分组件使用竹穗制作，表面用多条押缘覆盖而成。

瀑布假山石组

基于假山石组建造的模仿自然瀑布景观的布景。

竹垣

以竹子作为主体材料的垣的统称。

竹穗垣

将竹子的枝条作为横纵梁的竹垣的统称。桂垣、大德寺垣、蓑垣都属于竹穗垣的范畴。

涟纹

砂纹的一种。在铺满沙石的地面上，描绘出细波纹似的曲线。

夯打

平整地面的一种施工方法。通过敲击让土质地面或混凝土地面变得硬实。

立灯笼

庭院用石灯笼的一种。由基座、支柱、中间台、火袋、伞顶、宝珠构成。

立子

纵梁，构成竹垣的部件之一，纵向固定在竹垣上。

竖砌

铺设石板地面时，用宽度相同的切石，纵向排列在一起。

竖接缝

用切石或红砖建造墙体时，建材之间垂直部分的接缝。

卵石

从河滩或海边采掘的 13~30 厘米大小的圆形石料。主要用于路面或路边的铺设，以及墙体的建造。

玉缘

竹垣顶端防积水用的剖开成一半的竹管。

玉物

被修剪成球形的灌木的统称。

丹波石

石料为浅褐色，经常被用来建造花池的围墙。

ti

池泉庭院

以池塘为主体景观的庭院统称。这种庭院中会建造假山、瀑布，并在面积较大的池塘中间设置小岛。

千鸟型踏脚石

踏脚石的一种布置方式。将一个个石材，按照 Z 字形布置，就像空中飞翔的鸟群一样。

茶庭

茶室所带的庭院，用于茶道的操作。当中布置有洗手盆、灯笼、条凳、踏脚石等布景。

中间台

石灯笼的部件名称。位于立柱和火袋之间。

中木

树高在 1~3 米的树木，也称亚高木。

中门

内外茶庭之间设置的门，是主人迎接客人的重要场所。

鸟海石

山形县饱海郡出产的一种石头，其最大特征是凹凸不平的表面，在日本庭院的布景中经常用到。

手水钵

储存有洁净身心用水的容器。

直排形踏脚石

踏脚石的一种布置方式。将大小不同的石料以无规则的方式沿一条直线布置。

落差

指石板、踏脚石突出地面的部分带有的高低落差。

tu

筑地围墙

一种围墙的样式。用夯实的沙土建造墙体，然后在墙头部分盖上瓦檐。

筑山

用沙土堆成的假山，庭院布景的一种。

洗手盆（蹲距）

以手水钵为主，配以假山石、溪流等布景。手水钵前一定要布置前石。

筑波石

茨城县筑波郡出产的一种花岗岩。其特点是长期放置以后会变为黑褐色。主要用于各类假山石、踏脚石、脱鞋石的布置。

坪庭

被建筑物或围墙包围的小庭院，也叫中庭。

面

石料的正面。

面砌墙

石砌墙的一种，建造时让表面的石材相互对齐，不要出现凹凸不平的现象。

te

庭主石

茶庭中，主人迎客时所站立的石材。一般布置在中门内侧。

低木

树高在 0.3~1.5 米的树木。一般泛指灌木。

材质（texture）

建筑材料的质感。

手镯石

洗手盆（蹲距）所配的石材的一种。布置在手水钵任意一侧，略微靠前一点的位置上。举行夜间茶会的时候，将手持照明设备（普通的灯笼等）放置在上面。

铁炮垣

竹垣的一种。其外观是纵梁之间带有间隙，可以伸出铁炮（古代火铳）的样子。

铁炮装

竹垣的一种结构。将纵梁按照一里一外的顺序交互布置的结构。

陶器

用黏土烧制的装饰性容器或砖板的统称，有通气排水的特征。

晾台

比庭院地面高出一些，地面铺设有石板或瓷砖的区域。

天

石材的顶端，也叫上端。

点景

庭院中的重点景观，如石灯笼、手水钵等。

添景

庭院中衬托主体景观用的布景，如灯笼周围的树木、大门两侧的松树等。

to

灯笼

用石材或金属制造的照明器具。

胴入

埋设立柱的时候，在其周围堆积的小石块。

动线

根据人或物的运动路线，在设计阶段选择使用何种材料来建造步道。

坡度

庭院道路中的起伏状态。对步行方式及排水需求有影响。

通顺

日本庭院设计学中的专用词。

木贼垣

竹垣的一种。在主柱之间穿过 5~6 段横梁（胴缘），并用剖开的竹竿作为纵梁（立子），密集排列地安装在一起。

木贼贴

将剖开的竹竿作为竹垣的纵梁，密集排列在一起。

护坡石

堆砌土丘时，为了防止土坡滑塌而用石料围砌的矮墙。

植木修剪

将树木的枝叶修剪成鸟兽造型或几何形体的操作。

踏脚石

用顶部平整的石料镶入地面，使顶部与地面齐平以便于在上面行走的石料布景。

留石

茶庭中在踏脚石分叉的地方设置的石料，也叫关守石。

鸟居

树木防风支架的一种，防止树木被风刮倒。因为造型类似鸟居，顾得此名。

中庭

被建筑或围墙包围的庭院，一般指比坪庭更大一些的庭院。

流水

庭院中的河川溪流景观。

中院

在三层的茶庭中，处于内院（内露地）和外院（外露地）之间的区域叫中院（中露地），其作用与外院相同。

那智黑石

和歌山县那智地区出产的，一种带有黑色光泽的沙砾石子。用于铺设路肩（犬走）或集雨槽（雨落）。

鱼子垣

竹垣的一种，将剖开的竹子切割成一定的长度，然后弯成弓形插入地面连续布置。

海鼠壁

平整墙体的一种工艺。将墙砖以一定间隔贴在墙面上，然后用灰浆将墙砖之间的缝隙抹平，并覆盖住每块墙砖的边缘，同时使露出来的墙砖呈圆形等其他几何造型。

ni

二三连石

踏脚石的布置方式。将踏脚石以两块一组和三块一组的形式连续排列。

二重露地

即双层茶庭，用围垣将茶庭分为两部分，形成内院（内露地）和外院（外露地），是茶庭诸多样式中的一种。

窝身门

草庵茶室的出入口设置的矮门，高度约 66 厘米，宽约 63 厘米。

二石组

用两块天然石料组合布置在一起，作为主假山石的添石（配景）。

日本庭院

日本奈良时代形成的传统庭院样式的统称。庭院风格以自然风景为主，在庭院内设置池塘、泉水、假山石、茶室、榭亭等布景。追求将思想和精神之美通过景观表现出来的园林样式。

二连石

踏脚石的一种布置方式，将两块石料连续布置在一起。

庭石

庭院布景假山石的统称。

庭木

在庭院中种植的树木。

庭木户

庭院、茶庭入口处的木门。

庭灯笼

日本桃山时代以后，布置在庭院中的石灯笼。有埋入式、立柱式、坐地式等区分。

庭门

主庭院入口处以及茶庭入口处设置的门。茶庭中还有露地门、中门、中暗门等。

nu

布石

看起来像布匹一样的方形切石（人工切割的石料）。使用这种切石铺设地面的工艺叫布石铺或布铺。

布砌

使用尺寸相等的石料或红砖，水平垒砌，并保证接缝平直。

布掘

地基的一种，在地面挖掘出有一定深度的狭长沟槽。

湿缘

建筑物无屋檐的外墙。

ne

根入

安装支柱、木桩、石料等建材时，埋入地下的部分。

根钵

移栽植物的时候，随同植物一起挖掘出来的根系和土壤。

根府川石

安山岩的一种。产自神奈川县小田原市根府川地区。由于其形态多为板状，所以主要用于踏脚石或石板路的铺设。

根卷

移栽树木时，防止根钵破碎而缠绕在上面的草绳。

眠目地

填满石墙、墙砖之间缝隙的工艺，也指勾缝。

练砌

用石料砌墙的时候，用于石料之间黏结的灰浆或混凝土。

no

轩内

建筑屋檐下的空间，是建筑物与庭院之间衔接过渡的重要空间。

野面石

特意挑选出未经加工的、具有山野风格的石料。用这种石料建造的石墙叫作野面砌。

延石

像诗笺一样的长方形切石。

延段

具有一定宽度且呈直线形的石板路。只用切石建造的路面叫"真延段"，将切石与卵石等其他石材混合在一起进行铺设的叫"行延段"，如果不用切石只用卵石等石材铺设的话，就叫"草延段"。

乘石

茶室窝身门前布置在地面上的踏脚石中，最靠外侧的一块，也叫三番石。

法面

人工建造的土丘上的斜面。最高的部位叫法肩，最低的部位叫法尻。

ha

藤架（pergola）

专供藤蔓植物攀爬的庭院建筑。一般由支柱和顶部的横梁纵梁组成。

配植

根据设计需要将植物配植到适当的位置上。

钵

移栽树木时，根据树干和树冠的尺寸，一同挖掘出来的包裹在根系上的土球。

钵前

水钵前的溪流。

露台

一般指中庭式露台。露台的地面上会铺设瓷砖，以追求光照和通风为主要目的的建筑物。

张石

墙面、步道上铺设的薄石板，就是墙砖和地砖。

张出物

指树木的一侧因生长过度，而超出种植范围的部分。

hi

火口

在石灯笼火袋上，用于放入光源的窗口。

鳞齿锤

用于在石材表面敲击出大量小坑洼的铁锤。锤头的一端就像长满牙齿一样。

单脚石

只能一只脚站上去的小尺寸踏脚石。

火袋

石灯笼上最重要的部件，用于盛放光源。

火窗

石灯笼的火袋上用于通风兼具装饰作用的小窗口。有圆形、月牙等造型。

平庭

不建造池塘、瀑布、假山等景观，在平坦的场地上打造的庭院样式。

花岗岩块

将花岗岩切割成小块，不对表面进行任何加工。可直接用于地面的铺设。

fu

焦点（focal point）

为吸引人们的目光特意设置的景观。

落叶垣

将树木修剪成适当形状，栽种成树丛，以此作为灌木垣。如果是不同树种混栽的就叫混合垣。

节止

将竹竿截断时，避开竹节部分进行切割的处理方法。这样竹节的结构会被完好地保留下来，使雨水不会流入竹竿内部，用其组装的竹垣也会显得十分美观。反之，如果将竹节切掉的处理方法叫"节除"。

伏石

比横石（躺倒布置的假山石）要矮，贴附于地面布置的假山石。

踏石

布置在茶室前，距离窝身门最近的一块踏脚石，也叫一番石（第一块石头）。

踏分石

在茶庭中布置的踏脚石中，位于分叉位置的一块踏脚石。一般选用比其他踏脚石更大更高的石料。

法式庭院

在平坦的地形中，以几何造型为基础进行造景的庭院样式。这种庭院样式重视视觉上的通透感，并且会在庭院中央布置花坛。树木则多被修剪成圆锥形和矩形。

he

平田石

顶部平坦的石材的统称。

壁泉

在墙壁上建造一个半圆形的凹陷空间，在里面安装喷水设备后形成的喷水景观。在意式庭院中比较多见。

基准点（bench mark）

测量高低的基准点。一般缩写为"BM"。

ho

方形贴

用正方形或长方形的石板铺设的地面。

宝珠

石灯笼最顶端的装饰部分，代表莲花的花蕾，也叫宝珠。

方杖

支撑倾斜树干的支柱。

蓬莱庭院

根据古代中国人对蓬莱仙境的想象而设计出的庭院样式的统称。为了实现这种样式而布置的假山石又被称为蓬莱石。

门廊（porch）

玄关前设置的带屋檐的步道。

本植

将花草树木栽种在已经规定好的位置上，也称为定植。

本御影石

兵库县六甲山地区出产的浅红色花岗岩。

ma

前石

洗手盆（蹲距）前布置的一块踏脚石。洗手时可以站在这块石头上。

径面纹理

木纹的一种，与木材的年轮平行的纹理。

间柱

竹垣上主柱之间的支柱。比主柱细，密集布置可用于遮挡视线。

护根法（mulching）

在树木根部四周覆盖上稻草、落叶、树皮等物质。防止干燥和冻伤。

间隙

布景上部件之间的间隔距离。比如竹垣的胴缘之间的距离。

mi

三河白沙

岐阜县三国山附近出产的优质白沙。铺满地面后呈现出浅茶色的稳重色调。

杆肌

树干表面呈现出的花纹。

杆周

表示树干的粗细尺寸。测量时要以距离地面 1.2 米左右的树干为基准。如果是测量一片树林，就要将所有树干的尺寸相加后乘以 0.7 的系数，得出的数据就是参考值了。

见越

为衬托作为主要布景的植木或石灯笼等布景，在其后方栽种的植木。通常采用常绿树种。

岬形置灯笼

在水中山形石（假山石的一种）上布置的石灯笼。这种石灯笼没有立柱，将碟形的中间台与圆形的火袋直接安放在底座上。顶伞为飞檐式造型。

水穴

手水钵上部用于让水流入的孔，有圆形、方形、多边形等。

水落石

在建造瀑布景观时，在瀑布水流的正下方布置的石料。一般选用上部平坦，没有坑洼的石料。

御帘垣

竹垣的一种。用带有竖槽的粗竹竿做为主柱（亲柱），并用晾晒过的竹竿横向穿过主柱（亲柱）。用剖成两半的竹竿做押缘，并纵向安装，从正反两面将晒过的竹条（组子）固定住。

水挂石

为洗手盆（蹲距）排水用的石材，设有隐藏式的排水口。除了卵石外，也用旧的瓦片来替代。

外观看点

指的是在观赏树木、假山石时，从正面看到的部分。

蓑垣

竹穗垣的一种。主柱中插入多段胴缘，然后将成束的竹穗向下安装。看起来就像蓑衣一样。

mu

隆起型房顶

尖顶房的两面房顶均有微微隆起的结构。石灯笼的伞顶、日式建筑的屋顶经常采用这种结构。

向钵

洗手盆（蹲距）景观中，布置在水流外的手水钵。多采用天然石材作为手水钵。

粗磨

对石材表面进行大致打磨。

无目板

在竹垣的主柱接近地面的位置挖出沟槽，然后水平插入木板，防止竹垣被腐蚀。

me

目地

指石砌墙、石板墙、红砖墙上，材料之间的接缝。

目土

铺设草坪的时候，在每片草坪衔接处的接缝上补充的土壤。

面

将立柱的棱角去掉的修整方法。有角面（切角）、丸面（圆形）、蒲矛面（弧形）、几何面（阶梯形）、银杏面（阶梯形＋弧形）。

mo

木本

根茎为木质的木本植物的统称。

木目

木材表面的年轮纹理，即木纹。

杢目

出现在形态不规则的木材上的复杂纹理。

元口

指的是粗竹竿粗壮的根部。

物见石

布置在茶庭内院（内露地）中踏脚石（役石）的一种。这块踏脚石一般会被布置在最佳观景位置，距离其他踏脚石有一定距离，且更大。

盛土

用沙土在地面上堆起的土丘。

门冠

正门两侧种植的树木，多采用松树。

ya

役石

在庭院的重要场所中，起独特作用的石材，有贵人石、客石、庭主石、乘石、落石、踏脚石等。

八字架

防风柱的一种，支撑树木防止其被风刮倒的八字形支架。

山形石

外形像山的石料的统称。如果是形似富士山的石料，就会被叫作金山形。

山沙砾

从山地采掘的沙砾的统称，特征是含沙量高。

山沙

河沙以外的沙石统称。比河沙颜色要黄一些，其保水性和排水性也更好

山采物

从山野中采集，并将其移栽到庭院中的原野生植物。

山目地

接缝中央稍微高出一些的部分。

矢来

用竹或木建造栅栏。

矢来垣

透视垣的一种，在主柱（亲柱）之间穿过多段汉竹的胴缘（横撑），然后用剖成两半的竹条（组子）组成菱形格子的结构。

yu

汤桶石

洗手盆（蹲距）景观上的一种役石。布置在手水钵任意一侧靠近前面的平天石（顶部平整的石材），一般是放在右手一侧。比手镯石低，比前石高。

雪围

防止积雪压断树枝，而在树木或竹子上架起的伞形围挡。

雪吊

主要针对松树修建的防雪方法。从松树顶部向树冠外围呈放射状垂下绳子，将主要的枝条固定起来。

雪见灯笼

主要用于为水面提供照明的石灯笼。这种石灯笼上没有立柱和中间台，伞顶的面积较大。

踏石

布置在茶室前，距离窝身门最近的一块踏脚石。也叫一番石（第一块石头）。

柚木型灯笼

立灯笼的一种。其立柱分为上下两节，粗细不同。

yo

拥壁

为了防止土坡等斜面发生滑坡崩塌而设计的防护墙。

横石

有一定宽度，也不是很低矮的石料。根据高度可分为高横石、中横石以及低横石。

横布铺

将同样宽度的切石（石砖），以横向连续排列的方式进行布置。

横目地

指由切石（石砖）、红砖等建造的墙上，建材之间水平方向的接缝。

寄石铺地

将天然石材与切石混合使用铺设地面。

方格垣（四目垣）

透视垣的代表款式。使用汉竹为主要材料，通过4段横纵梁的石子交叉构成。

ra

落叶树

秋冬两季落叶，春季发芽长新叶的树种。几乎都是阔叶树，在秋季可以欣赏美丽的红叶或黄叶。

乱铺（不规则石板地）

用各种形状不同的石材铺设的地板。

乱层砌（不规则石墙）

用各种不规则的石材以交错的方式垒筑的石墙。

景观美化（landscape）

对景观样式、色彩进行统一调整的整理工作。

乱张（不规则壁砖）

将形状各异的石板、瓷砖贴在墙上。

ri

立石

造型瘦高的石材。

流水纹

沙纹的一种。用铺设的沙石模拟流水的动态效果。

龙安寺垣

足下垣（矮竹垣）的代表样式。在主柱和间柱的上下部位穿过胴缘（横梁），然后在胴缘之间使用两片剖开的竹片交叉固定，形成菱形的格子。

re

列植

将同种、同形的树木，以一定间隔栽种成列。

测量器具（level）

测量高低、水平用的仪器。

连客石

茶庭中条凳边布置的踏脚石。为次座（正座之次的客座）以下的客人预备的踏脚石。

ro

陆

指土地或物体的平面。

露地

草庵茶室附带的茶庭。配有条凳、洗手盆（蹲距）、物见石等布景，大多数分为内院（内露地）和外院（外露地）两部分。

露地门

出入茶庭的门的统称。一般造型简朴。

wa

跨度

指的是每块踏脚石（飞石）之间的距离。

割栗石

开凿岩石时，将其分割成直径约5~20厘米的石块。主要用于各类建筑、墙体的地基建造。

割竹

将较粗的毛竹剖成宽4~5厘米，长1.8米的竹条。

景观设计工作流程

1 接受订单

接收到个人客户或者建筑公司的订单后，首先要跟客户商定实地考察的具体时间，可能话的还要将听证会的大致时间也确定出来。要在这期间从过去的庭院设计资料（照片、图纸）中选出符合客户期望的元素。

2 实地考察

协商

携带勘测用的工具（各类标尺、各类纸笔类文具，以及照相机等），在与客户商定好的时间前往实地。根据客户提出的要求对庭院样式进行确认，还要了解客户的家族成员构成、家庭成员的兴趣、建筑物的布局结构，以及预算等相关信息。

实地勘测

协商以后，要对建筑用地进行整体勘测，包括地形、地质、临接地（邻居家的占地范围）、道路、日照、方位、埋设管线（上下水、燃气、供电）、已有景物（树木、石材等）的有无，住宅中的视角等。

3 基本规划

场地规划

对住宅用地内，除住房以外的区域的用途进行区分。前庭（正门到玄关之间的区域）、主庭（起居室主要房间面对的区域）、车库区域、后门的周边（住房外用于家务操作的区域）等进行划分。

步道规划

在进行场地规划的同时，还要规划出正门到玄关、玄关到后门、起居室到主庭等区域的活动路线。不仅要考虑到便利性和安全性，也要考虑到场地整体的美观性。

设施规划

根据在勘测中获得的从住宅各个房间中向外看的视角，再结合客户的要求，来设计在庭院中建造什么样的景观。之前了解的客户的家庭成员构成、家庭成员兴趣等要素也要考虑到设计方案中。

绿化规划

除了景观设计外，庭院方位、日照程度、临接地、从道路（公路）上观看的效果、植木的防风，以及防灾措施等，都要考虑到设计方案中。还要考虑到植木的栽种密度，落叶树与常绿树的搭配比例，灌木、花草、灌木垣的布置效果。

4 制作草图

为了对基本规划中的各项内容进行总结整理，需要绘制出草图。在这个步骤中，如果出现与客户要求、愿望不符合的地方，要及时修正。

5 施工规划

平面图

为了能够将基本规划中的构想付诸实现，先要绘制出俯视视角的平面图。在这个平面图中要标记出住宅用地的面积、形状，以及建筑物、各类假山石、树木等元素的位置。住宅庭院的图纸一般按照 1：50~1：100 之间的比例来绘制。

立面图

立面图是以平视观看住宅用地的视角来绘制的。在这个图纸中可以表现出布景、建筑的高低状态。在庭院设计中，还要以住宅中向庭院一侧看的视角为基准绘制正面图，而从左右任意一侧视角下绘制的图叫侧面图。住宅庭院以 1：100 的比例来进行绘制。

截面图

截面图就是以布景建筑的一部分垂直切开后的视角为基础，绘制出各类布景建筑的构造、水池的深度等状态的示意图。截面部分以平面图的方式表现。在遇到需要建造带有高低落差的景观以及地下设施的时候，就需要绘制截面图了。

透视图

展示完工后效果的示意图，被称为透视图，即以立体的方式展现庭院景观。通过透视视角，表现出近大远小的画面效果，让效果图更具临场感。透视图效果的好坏，在很大程度上能够决定说明会的成败。

6 核 算

估价单

在绘制图纸的同时，计算出施工所需要的材料费、人工费，以及利润等，最后制作出估价单。

明细单

作为对估价单的补充说明而制作的工序、明细单。各个施工步骤所需要的材料明细、费用等都要详细地表示在这个单据中。

7 说 明

将施工规划、估价单、明细单提交给客户，并向客户说明设计内容。

8 合 同

当双方对规划内容、费用等所有项目均表示认可时，就要开始签订合同，双方在工程承包合同书上签名并交换，然后就可以商讨具体的开工时间和交工期限了。

9 施 工

根据图纸和明细单逐步推进工程进展。对于工程中的重要节点要与客户一同确认。

10 交 工

当所有工程完工后，和客户一起进行最终的检查确认。没有问题的话就可以交工，并向客户提交账单。

分类建议：美术/设计/庭院设计；美术/设计/景观设计；
美术/基础美术/手绘
人民邮电出版社网址：www.ptpress.com.cn

ISBN 978-7-115-47272-4

ISBN 978-7-115-47272-4

定价：88.00 元